Akbar John
Zaima Azira Zainal Abidin
Ahmed Jalal Khan Chowdhury

Bioprospekty ekosystemu przybrzeżnego i zrównoważone zarządzanie zasobami

AF191030

Akbar John
Zaima Azira Zainal Abidin
Ahmed Jalal Khan Chowdhury

Bioprospekty ekosystemu przybrzeżnego i zrównoważone zarządzanie zasobami

ScienciaScripts

Imprint

Any brand names and product names mentioned in this book are subject to trademark, brand or patent protection and are trademarks or registered trademarks of their respective holders. The use of brand names, product names, common names, trade names, product descriptions etc. even without a particular marking in this work is in no way to be construed to mean that such names may be regarded as unrestricted in respect of trademark and brand protection legislation and could thus be used by anyone.

Cover image: www.ingimage.com

This book is a translation from the original published under ISBN 978-620-2-79106-9.

Publisher:
Sciencia Scripts
is a trademark of
Dodo Books Indian Ocean Ltd. and OmniScriptum S.R.L publishing group

120 High Road, East Finchley, London, N2 9ED, United Kingdom
Str. Armeneasca 28/1, office 1, Chisinau MD-2012, Republic of Moldova, Europe
Managing Directors: Ieva Konstantinova, Victoria Ursu
info@omniscriptum.com

Printed at: see last page
ISBN: 978-620-3-50708-9

Spis treści

PREFACE

Ponieważ wkrótce wkroczymy w czas po pandemii COVID-19, należy stawić czoła wielu wyzwaniom, zwłaszcza w zakresie planu działania na rzecz ożywienia gospodarczego (po COVID-19) poprzez zrównoważone wykorzystanie zasobów naturalnych i wdrożenie odpowiednich praktyk pomiarowych. Aby osiągnąć "Agendę 2030" celów zrównoważonego rozwoju ONZ (SDGs), zasoby naturalne muszą być mądrze eksplorowane. Wiedza na temat ekosystemu przybrzeżnego, jego dynamiki i potencjału bioprospectingu jest dobrze rozwinięta w skali globalnej. Jednakże, w skali regionalnej, potencjał ekosystemu przybrzeżnego jest mniej zbadany ze względu na złożoność systemu podziału zasobów i wzajemnie powiązany charakter interwencji wielu interesariuszy w procesie podejmowania decyzji. Malezja posiada linię brzegową o łącznej długości około 4809 km (podzieloną na 1 972 km w Malezji Półwyspowej i 2837 km w Malezji Wschodniej), która ma szczególne znaczenie społeczno-gospodarcze. Wiele strategicznych planów działania zostało wdrożonych w celu ochrony linii brzegowej przed fragmentacją i degradacją z przyczyn naturalnych i spowodowanych działalnością człowieka.

Ekosystemy przybrzeżne są najbardziej produktywnym i cennym krajobrazem, nieustannie zmieniającym się pod wpływem różnych presji środowiskowych i urbanizacji. Ze względu na ich złożoność w świadczeniu usług ekologicznych, są one zawsze traktowane łącznie jako "ekosystemy estuarium i wybrzeża" (ECE). W celu powiązania dynamiki ekosystemu przybrzeżnego z badania jego potencjału bioprospekcyjnego, niniejsza książka została napisana z myślą o holistycznym znaczeniu ekosystemu przybrzeżnego i jego potencjale bioprospekcyjnym. Książka jest kompleksowym zbiorem danych pochodzących z badań nad ekosystemami przybrzeżnymi Malezji (szczególnie wschodniego wybrzeża Półwyspu Malajskiego). Książka składa się z dziewięciu rozdziałów poruszających zagadnienia związane z (ale nie tylko) potencjałem bioperspektywicznym, takim jak: badania przesiewowe promieniowców z ekosystemu przybrzeżnego, bioposzukiwanie drobnoustrojów z wykorzystaniem podejścia 'omics', znaczenie zintegrowanej akwakultury wielotroficznej, różnorodność biotyczna i erozja linii brzegowej w ekosystemie przybrzeżnym. Z optymizmem możemy stwierdzić, że dogłębna wiedza i naukowe spostrzeżenia zawarte w tej książce przyczynią się do osiągnięcia celów zrównoważonego rozwoju, a w szczególności SDG 13, 14 i 15.

Dziewięć rozdziałów zawartych w niniejszej książce zatytułowanej "*Bioprospekty ekosystemu przybrzeżnego i zrównoważone zarządzanie zasobami*" jest autorstwa ponad 30 naukowców z różnych dyscyplin, co wskazuje na transdyscyplinarną wiedzę oferowaną w tej książce. Czytelnicy będą narażone na nową wiedzę w każdym rozdziale i ustalenia wszystkich dziewięciu rozdziałów płynie z głównym tematem książki. Rozdziały poruszone w tej książce są 1) Sezonowe zmiany różnorodności ryb i bogactwa gatunkowego w wodzie przybrzeżnej, Pekan, Pahang, Malezja, 2) Badanie aktywności dehydrogenazy glukozo-6-fosforanowej w streptomyces namorzynowych do produkcji aktinohordin i undercylprodigiosin, 3) Hodowla a "Omics" podejście do bioprospekcji mikrobiologicznej w [21] wieku: środowisko przybrzeżne w Malezji, 4) Otwarta woda zintegrowana akwakultura wielotroficzna (IMTA) w ekosystemie przybrzeżnym: status i perspektywy w Malezji, 5) Antyoksydacyjne właściwości (*Nerita articulata*) z namorzyn Kuantan, Pahang Malezja, 6) Bakterie odporne na metale ciężkie z osadów morskich w pantai Balok, Pahang, Malezja, 7) Tolerancja na zasolenie i wzrost młodych osobników azjatyckiego labraksa (*Lates calcarifer*), 8) Review: Actinomycetes diversity and biosynthetic capabilities of east coast of peninsular Malaysia coastal water and, 9) Climate change and coastal defenses in Malaysia: A review. Pełnokolorowe rysunki zostały włączone do tej książki badawczej, aby lepiej zilustrować cechy niektórych złożonych części dyskusji. Jesteśmy głęboko przekonani, że ta książka jest wartością dodaną do odsłonięcia niezbadanych, ukrytych skarbów dynamicznego ekosystemu przybrzeżnego Malezji. Przewidujemy również, że dane przedstawione w tej książce będą działać jako punkt odniesienia do dalszych badań i poprawy praktyk zarządzania w ekosystemie przybrzeżnym w Malezji.

Redaktorzy
Akbar
John Zaima Azira Zainal
Abidin Ahmed Jalal Khan
Chowdhury

Malezja położona jest w Azji Południowo-Wschodniej i składa się z dwóch regionów: Malezji Półwyspowej oraz stanów Sabah i Sarawak. Całkowita powierzchnia lądowa obejmuje 329 293 km2, natomiast całkowita długość linii brzegowej wynosi około 4 809 km. Dodatkowo, do Malezji należy około 1000 wysp i raf koralowych. Strefa przybrzeżna ma znaczenie zarówno społeczno-gospodarcze, jak i środowiskowe. Większość ludności zamieszkuje ten obszar i jest on również centrum działalności gospodarczej obejmującej akwakulturę, wydobycie ropy i gazu, rolnictwo, transport i inne. Obszary namorzynowe są jednym z najbardziej produktywnych ekosystemów na Ziemi. Lasy namorzynowe są miejscem żerowania i rozmnażania wielu ryb i skorupiaków, a także siedliskiem wielu gatunków dzikich zwierząt.

Postępujący rozwój obszarów przybrzeżnych w celach urbanizacyjnych i gospodarczych negatywnie wpłynął na ekosystem środowiska. Stąd potrzeba ustanowienia zrównoważonego rozwoju, aby zapewnić równowagę między rozwojem a ochroną środowiska. Malezja wyraziła zobowiązanie do wspierania i wdrażania Agendy 2030 i Celów Zrównoważonego Rozwoju (SDGs) oraz wyznaczyła ambitny plan działania na rzecz ludzi, planety, dobrobytu, pokoju i partnerstwa, którego celem jest nie pozostawienie nikogo w tyle. W związku z tym, wdrożenie praktyk zrównoważonego rozwoju i holistycznych podejść w obszarach przybrzeżnych jest kluczem do osiągnięcia tego celu.

Cieszę się, że naukowcy z Kulliyyah of Science, IIUM przygotowali tę książkę w jej obecnej formie pod tytułem "*Bioprospekty ekosystemu przybrzeżnego i zrównoważone zarządzanie zasobami*". W książce poruszono różne kwestie i potencjał bioprospektywny ekosystemów przybrzeżnych w szerszej skali, które otwierają możliwości intelektualnej dyskusji w najbliższej przyszłości. Pojawienie się nowoczesnych technologii zapewnia wgląd w potencjał wód przybrzeżnych i podkreślił w tej książce. Dlatego też jestem przekonany, że wyniki badań zawarte w tej publikacji dostarczą czytelnikom istotnych i wpływowych danych do poszerzenia ich wiedzy na temat wód przybrzeżnych w Malezji.

Prof. dr Kamaruzzaman Yunus
Dyrektor
kampusu Międzynarodowy
Uniwersytet Islamski Malezja,
Kampus
Kuantan
Pahang,
Malezja

Holistyczne i zintegrowane podejście do zrównoważonego rozwoju i wykorzystania ekosystemów przybrzeżnych jest dobrze dyskutowane wśród społeczności naukowej i decydentów politycznych w ostatnich latach. W związku z tym znaczenie ekosystemu oceanicznego i wykorzystanie jego zasobów jest jednym z głównych celów zrównoważonego rozwoju ONZ (SDG), w szczególności w SDG -14 "Życie pod wodą". Ponieważ ocean pokrywa znaczną część powierzchni Ziemi, szacuje się, że ponad 3 miliardy ludzi jest uzależnionych od zasobów morskich i przybrzeżnych w celu zapewnienia sobie środków do życia. Obecnie ekosystem przybrzeżny ulega coraz większej degradacji lub zniszczeniu w wyniku wielu działań człowieka, co ostatecznie ogranicza jego zdolność do zapewniania kluczowych usług ekosystemowych. Ostatecznie, pogorszenie stanu ekosystemu przybrzeżnego negatywnie wpłynęło na dobrobyt ludzi na całym świecie.

W związku z tym, zasoby biologiczne ekosystemu przybrzeżnego są mniej zbadane, zwłaszcza w zakresie dostępności potencjału bioaktywnego i jego zrównoważonego wykorzystania. Niniejsza książka "Bioprospekcja ekosystemu przybrzeżnego w kierunku zrównoważonego zarządzania zasobami" jest próbą podjęcia przez naukowców z Międzynarodowego Uniwersytetu Islamskiego w Malezji (IIUM) kompilacji aktualnych zagrożeń wpływających na zarządzanie ekosystemem przybrzeżnym i zbadania potencjału bioprospekcji dla zrównoważonego życia człowieka. Biorąc pod uwagę fakt, że Malezja jest jednym z krajów o dużej bioróżnorodności i zawsze traktuje bioróżnorodność jako kluczowy czynnik na mapie badań, jestem przekonany, że informacje naukowe przekazane przez naukowców z Malezji będą działać jako punkt odniesienia dla dalszego wykorzystania zasobów przybrzeżnych w efektywny sposób i otworzą drzwi do dalszych badań.

Chociaż książka jest przede wszystkim adresowanie ustaleń naukowych, obserwuję treść i intencję redaktorów i autorów z pomocą wizji IIUM, że nalegać, aby rozwijać holistyczne jednostki, które mogą działać jako "Khalifa" (tj., przywódca) i "Rahmathal lil Alameen" (tj., miłosierdzie dla wszystkich światów) naprawdę kierować się boskimi zasadami "Maqasid al-Shari'ah". Gratuluję autorom ich szczerego i terminowego wysiłku. Zgodnie z wizją i misją IIUM oraz koncentracją na osiągnięciu SDG 2030, jestem przekonany, że książka ta stanowi wartość dodaną i ma charakter informacyjny dla szerokiego spektrum czytelników, w tym pracowników akademickich, badaczy, decydentów, organizacji pozarządowych i studentów.

Prof. dr Ahmad Hafiz Bin

Zulkifly Prorektor (Odpowiedzialny za badania

i innowacje) Międzynarodowy Uniwersytet

Islamski Malezja

Sezonowe wahania różnorodności ryb i bogactwa gatunkowego w wodach przybrzeżnych, Pekan, Pahang, Malezja

Akbar John, B. [1*], Khuraisha, N. [2], Jalal, K.C.[A2*], Najiah, M. [3] i Nadirah, [M3]

[1Instytut] Oceanografii i Studiów Morskich (INOCEM),
2Department of Marine Science, Kulliyyah of Science, International Islamic University Malaysia (IIUM), Kuantan 25200, Pahang Malaysia.
[3Faculty of] Fisheries and Food Science, Universiti Malaysia Terengganu (UMT), 21030 Kuala Nerus, Terengganu
*Autor [korespondencyjny]: akbarjohn50@gmail.com, jkchowdhury@iium.edu.my

ABSTRACT

Badanie to zostało przeprowadzone od kwietnia 2019 r. do października 2019 r. w celu zbadania sezonowych zmian różnorodności ryb i bogactwa gatunkowego w przybrzeżnej wodzie Pekan, Pahang (Pantai Sepat, Cherok Paloh i Tanjung Selangor), Malezja. Ogółem zarejestrowano 5341 osobników ryb, w tym 47 rodzin i 108 gatunków, z czego 2444 osobniki odnotowano w porze bezmonsunowej, a 2897 osobników w porze monsunowej. Najbardziej dominującymi rodzinami były Nemipteridae, a następnie Lutjanidae i Carangidae. Największe bogactwo gatunkowe zaobserwowano w porze bezmonsunowej - 95 gatunków. Indeks Shannona-Weavera (H'), indeks różnorodności Simpsona (1-D) i indeks Bergera-Parkera zostały zastosowane do wykazania różnorodności gatunkowej, bogactwa, równomierności i dominacji ryb w obszarach próbkowania. Ogólne wartości dla pory bezmonsunowej wynosiły odpowiednio 3,284, 0,9326 i 0,1335, podczas gdy dla pory monsunowej wynosiły odpowiednio 2,766, 0,8798 i 0,2751. Wysoki wskaźnik różnorodności (Shannon-Weaver i Simpson) zaobserwowano w sezonie bez monsunu. Badanie to wykazało również, że same zmiany sezonowe mogą nie mieć wpływu na liczbę gatunków w populacji wzdłuż wód przybrzeżnych Pekan. Jednakże status działalności połowowej, zebrane gatunki ryb i jakość wody wzdłuż wód przybrzeżnych Pekan muszą być często monitorowane w celu zrównoważonego odłowu gatunków handlowych w wodach przybrzeżnych Pahang, Malezja.

Słowa kluczowe: Bioróżnorodność; Rozmieszczenie ryb; Ekologia; Bogactwo gatunkowe.

WPROWADZENIE

Malezja, jako jeden z krajów o dużej bioróżnorodności, jest domem dla 1951 gatunków ryb słodkowodnych i morskich należących do 704 rodzajów i 186 rodzin, z których połowa jest obecnie zagrożona, a prawie jedna trzecia pochodzi z siedlisk morskich i koralowych (Chong et al., 2010). W szczególności, wschodnie wybrzeże półwyspu Malezji jest podatnym miejscem połowu przyłowów zarówno malezyjskich jak i wietnamskich rybaków. Zauważono, że niedyskryminujące praktyki połowowe były prowadzone wzdłuż wód przybrzeżnych Pahang przez dekadę, co może być odpowiedzialne za stopniowe zmniejszanie się zasobów rybnych w tej fascynującej strefie przybrzeżnej w dłuższej perspektywie. W rzeczywistości, osobista obserwacja lokalnego rybaka również stwierdziła, że zmniejszenie liczby kilku gatunków nastąpiło z powodu kilku czynników, takich jak masowe intruzów z wietnamskich rybaków na wodach międzynarodowych w pobliżu malezyjskiej WSE. Większość gatunków takich jak rozgwiazda, sola, rekin tygrysi i rekin młot jest obecnie trudna do znalezienia. Według Fazly et al., (2018), zagraniczna łódź rybacka, którą uznano za pochodzącą z Wietnamu, wtargnęła na malezyjskie wody przybrzeżne, aby łowić [11] maja 2019 r. Ponadto Malaysian Society of Marine Sciences stwierdziło, że skażone boksytem morze czerwone u wybrzeży Pahang z pewnością stanie się "martwym morzem": przez okres do trzech lat. Jest to spowodowane wzrostem spływu z ochrowo-czerwonej ziemi w kopalniach i składowiskach znajdujących się w Kuantan.

1

Zarządzanie rybołówstwem zawsze uwzględniało odpowiednie biologiczne, technologiczne, gospodarcze, społeczne, środowiskowe i handlowe aspekty sektora w celu zapewnienia skutecznej ochrony i zrównoważonego rozwoju.

zarządzanie wszystkimi zasobami rybnymi. Określenie aktualnego potencjału zasobów zawsze były ważnymi rozważaniami dla zarządzających rybołówstwem. [DOF 2015]. iii. nieodpowiedni potencjał i możliwości w zakresie monitorowania i nadzoru, vi. niewystarczająca świadomość i udział społeczeństwa.

Niepublikowane badania przeprowadzone w Pantai Sepat przez Jalal et al. (2012) wykazały, że obszar ten nie jest bardzo zróżnicowany gatunkowo. Jednakże, nie prowadzono wcześniej badań nad różnorodnością ryb w przybrzeżnych wodach Pekan, Pahang (Pantai Sepat do Tg. Selangor - środkowy obszar Kuala Pahang), które są najważniejszym obszarem dla działalności rybackiej w przybrzeżnych wodach Pahang. Dlatego też celem niniejszej pracy było zbadanie różnorodności i rozmieszczenia ryb oraz ich sezonowej zmienności w wodach przybrzeżnych Pahang, Malezja.

MATERIAŁY I METODY

Miejsce pobierania próbek ryb
Obszar badań opiera się na środowiskach morskich, które rozciągały się wzdłuż wód przybrzeżnych Pahang, od 3.40155 °N do 3.34894 °N i 103.21174 °E do 103.25089 °E około 16 km (Rys. 1). Obszary przybrzeżne w Pahang, takie jak Cherating, Teluk Cempedak, Tanjung Lumpur i Pantai Sepat, stają się najbardziej atrakcyjnymi plażami, oferując piękny krajobraz i możliwości rekreacji (Azid i in., 2015; Tobergte & Curtis, 2013). Pobieranie próbek ryb przeprowadzono od kwietnia 2019 r. do października 2019 r., obejmując różnorodność i dystrybucję ryb z Pantai Sepat, Cherok Paloh i Tanjung Selangor w pobliżu Kuala Pahang zarówno w sezonach monsunowych, jak i niemonsunowych. Pobieranie próbek przeprowadzono w południe, ponieważ większość rybaków wyładowywała swoje łodzie w tym czasie. Pięć lat (2014 do 2018) zgromadzonych danych uzyskanych z World Weather Online wykazało, że największa prędkość wiatru wystąpiła w 2016 roku. Najbardziej mokrym miesiącem z największą ilością opadów jest grudzień (563,9 mm), natomiast najbardziej suchym miesiącem z najmniejszą ilością opadów jest luty (142 mm) (MMD, 2019).

2

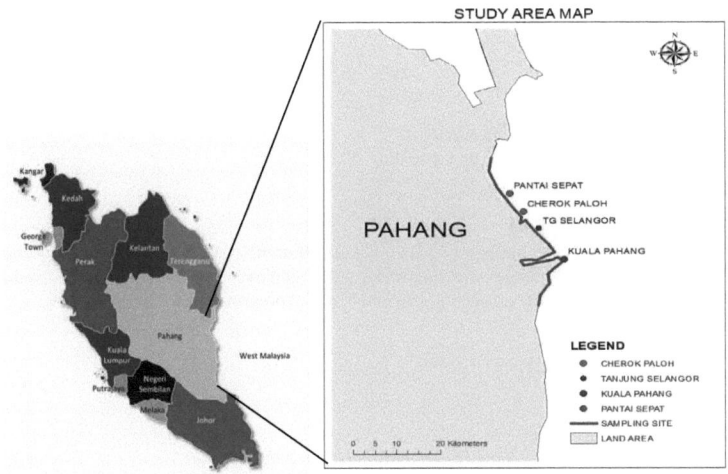

Rys. 1: Lokalizacja miejsc pobierania próbek.

Gromadzenie danych i identyfikacja ryb

Okazy były zbierane z miejsc wyładunku ryb na targu w pobliżu Pantai Sepat dwa razy w miesiącu. Ryby zostały posortowane według gatunków, a standardowe długości zostały pobrane przy użyciu linijki i tablicy montażowej w terenie, jeśli było to możliwe. Wszystkie złowione ryby zostały policzone i sfotografowane przy użyciu kamery o wysokiej rozdzielczości. Próbki ryb zebrane z badanych obszarów zostały zidentyfikowane na podstawie ich cech morfometrycznych i merystycznych zgodnie z techniką opisaną przez Mansor et al, (1998); Ambak et al (2010). Dane środowiskowe, takie jak temperatura i opady atmosferyczne, zostały uzyskane z World Weather Online.

Analiza danych i

oprogramowania

Wskaźnik

różnorodności

Shannona

Wskaźnik różnorodności obliczany za pomocą wskaźnika różnorodności Shannona-Weavera służy do charakterystyki różnorodności gatunkowej w zbiorowisku i uwzględnia zarówno liczebność, jak i równomierność występujących gatunków. Indeks ten jest najbardziej korzystny w porównaniu z innymi indeksami. Zazwyczaj jego wartości mieszczą się w przedziale 0,0 - 5,0, a uzyskane wyniki mieszczą się w przedziale 1,5 - 3,5. Na podstawie tego wskaźnika można określić stan siedliska. Strukturę siedliska uznaje się za stabilną i zrównoważoną, gdy wartości wykazują powyżej 3,5, natomiast wartości poniżej 1,0 oznaczają, że struktura siedliska jest już zdegradowana i zanieczyszczona. Dlatego też wskaźnik ten jest bardzo ważny dla ogólnej znajomości środowiska.

Formuła

$$H' -\Sigma \, [\, ni / N) \, x \, (\ln ni / N)]$$

gdzie,

H": wskaźnik różnorodności Shannona
ni: liczba osobników należących do i gatunku
N: Całkowita liczba osobników

Wskaźnik różnorodności Simpsona
Następnie do oceny różnorodności biologicznej siedliska zastosowano wskaźnik dominacji Simpsona (D), który uwzględnia liczbę gatunków oraz liczebność poszczególnych gatunków. Indeks ten waha się w przedziale 0-1. Wynik jest jednak odejmowany od 1, aby skorygować odwrotną proporcję.

Formuła

$$1 - D \, [\Sigma \, ni \, (ni -1)] / N \, (N-1)$$

gdzie,

D : Wskaźnik różnorodności Simpsona
ni: liczba osobników należących do i gatunku
N: Całkowita liczba osobników
Następnie do interpretacji danych przyjęto odwrotną postać (1/D) wskaźnika Simpsona.

Indeks Bergera i Parkera
Indeks ten służy do pomiaru proporcjonalnego znaczenia najliczniejszych gatunków. Podobnie jak w przypadku indeksu Simpsona, często stosuje się odwrotność indeksu, 1/d, tak aby wzrost wartości indeksu oznaczał wzrost różnorodności i zmniejszenie dominacji.

Formuła

$$d = N_{max} / N$$

gdzie,

Nmax : Liczba osobników w najliczniejszych gatunkach

N: całkowita liczba osób w próbie

Wskaźniki różnorodności gatunkowej i bogactwa gatunkowego: indeks Shannona-Weavera (H'), indeks Simpsona [1-D lub 1/D] oraz indeks dominacji Bergera-Parkera zostały obliczone przy użyciu programu Biodiversity Pro V2 (Shannon i Weaver, 1949; Simpson, 1949; Caruso i in., 2007). Wszystkie analizy programowe wykonano przy użyciu programu PAST326, natomiast analizy statystyczne przy użyciu programu SPSS 25v.

4

WYNIKI

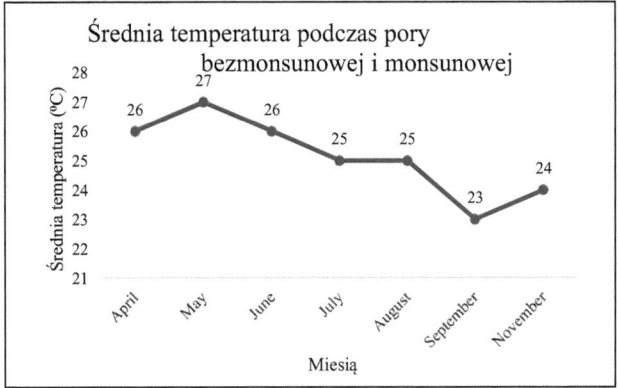

Rys. 2: Średnia temperatura w Pekan, Pahang podczas pory bezmonsunowej i monsunowej

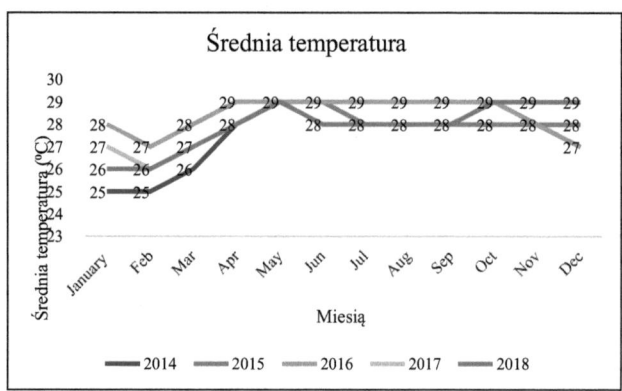

Rys. 3: Pięcioletnie dane meteorologiczne dotyczące średniej temperatury w Pekan, Pahang
(*źródła: https://www.worldweatheronline.com/pekan-weather-history/pahang/my.aspx*)

Średnia temperatura notowana w sezonie pozamonsunowym wahała się od 25°C do 27°C, przy czym najniższą zanotowano w lipcu i sierpniu, a najwyższą w maju (ryc. 2). W sezonie monsunowym najwyższą średnią temperaturę zanotowano w październiku (24°C), a najniższą (23°C) we wrześniu. Na podstawie danych meteorologicznych z pięciu lat (2014-2018) stwierdzono, że temperatura wahała się od 25°C do 29°C (ryc. 3). W każdym roku temperatura nieznacznie wzrasta o 1°C. Od lipca do sierpnia w latach 2014-2018 temperatura utrzymuje się na stałym poziomie 28°C.

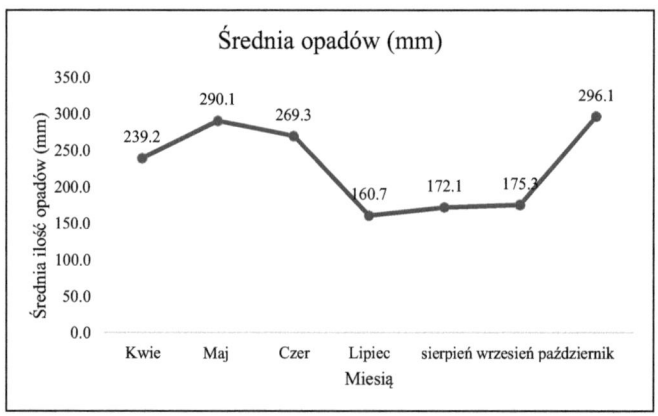

Rys. 4: Średnia ilość opadów (mm) w Pekan, Pahang w okresie bezmonsunowym i monsunowym

6

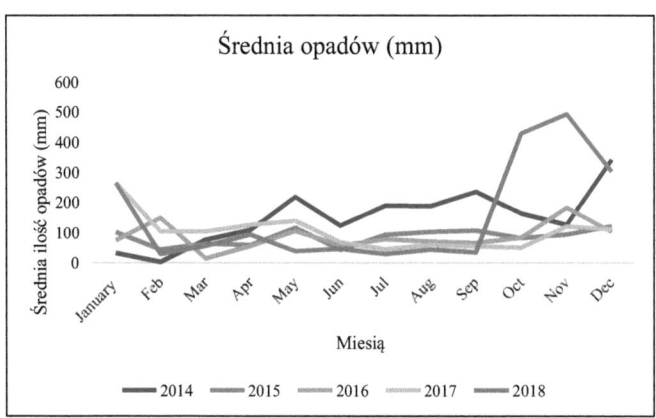

Rys. 5: Dane z pięciu lat dotyczące średniej sumy opadów (mm) w Pekan, Pahang
(*źródła: https://www.worldweatheronline.com/pekan-weather-history/pahang/my.aspx*)

W okresie bezmonsunowym najwyższą średnią sumę opadów (mm) zanotowano w maju (290,1 mm), a najniższą w lipcu (160,7 mm). Natomiast w porze monsunowej najwyższą średnią sumę opadów (mm) zanotowano w październiku (296,1 mm), a najniższą we wrześniu (175,3 mm). Pięcioletni trend danych meteorologicznych wykazał, że maksymalny poziom opadów wystąpił w listopadzie w Pekan, Pahang (494,1 mm), a minimalny w lutym (2,53 mm) (ryc. 4). Temperatura powietrza wahała się od 25°C do 29°C na przestrzeni lat od 2014 do 2018 (ryc. 5).

Tabela 1: Wykaz gatunków zidentyfikowanych w wodzie przybrzeżnej Pekan, Pahang

Klasa	Zamówienie	Rodzina	Gatunek
Actinopterygii	Beryciformes	Holocentridae	*Sargocentron rubrum*
	Beryciformes	Holocentridae	*Myripistis hexagona*
	Mugiliformes	Mugilidae	*Valamugil speigelri*
	Clupeiformes	Clupeidae	*Sardinella melanura*
	Clupeiformes	Chirocentridae	*Chirocentrus dorab*
	Clupeiformes	Eugraulidae	*Thryssa mystax*
	Siluriformes	Ariidae	*Arius maculatus*
	Siluriformes	Plotosidae	*Plotosus canius*
	Gadiformes	Batrachoididae	*Batrachomoeus trispinosus*
	Perciformes	Carangidae	*Selaroides leptolepis*

Perciformes	Carangidae	*Selar boops*
Perciformes	Carangidae	*Atule mate*
Perciformes	Carangidae	*Tranchinotus blochii*
Perciformes	Carangidae	*Alectis indicus*
Perciformes	Carangidae	*Alectis ciliaris*
Perciformes	Carangidae	*Carangoides malabaricus*
Perciformes	Carangidae	*Megalaspis cordyla*
Perciformes	Caesionidae	*Cezio sprytny*
Perciformes	Caesionidae	*Caesio caerulaurea*
Perciformes	Chaetodontidae	*Coradion chrysozonus*
Perciformes	Chaetodontidae	*Chelmon rostratus*
Perciformes	Drepaneidae	*Drepane longimana*
Perciformes	Drepaneidae	*Drepane punctata*
Perciformes	Ephippidae	*Platax teira*
Perciformes	Gerreidae	*Gerres oyena*
Perciformes	Gerreidae	*Gerres erythrourus*
Perciformes	Haemulidae	*Pomadasys maculatus*
Perciformes	Haemulidae	*Pomadasys kaakan*
Perciformes	Haemulidae	*Diagramma punctatum*
Perciformes	Haemulidae	*Plectorhincus gaterinus*
Perciformes	Lactariidae	*Lactarius lactarius*
Perciformes	Lethrinidae	*Lethrinus lentjan*
Perciformes	Lethrinidae	*Letrinus miniaturus*
Perciformes	Lethrinidae	*Lethrinus genivittatus*
Perciformes	Lethrinidae	*Letrinus ornatus*
Perciformes	Lethrinidae	*Gymnocranius frenatus*
Perciformes	Lutjanidae	*Lutjanus vitta*
Perciformes	Lutjanidae	*Lutjanus ruselli*
Perciformes	Lutjanidae	*Lutjanus malabaricus*

Perciformes	Lutjanidae	*Lutjanus lutjanus*
Perciformes	Mullidae	*Upenus tragula*
Perciformes	Mullidae	*Upeneus japonicus*
Perciformes	Nemipteridae	*Pentapodus setosus*
Perciformes	Nemipteridae	*Scolopsis monograma*
Perciformes	Nemipteridae	*Nemipterus furcosus*
Perciformes	Nemipteridae	*Scolopsis taenioptera*
Perciformes	Nemipteridae	*Scolopis affinis*
Perciformes	Pomacanthidae	*Chaetodontoplus mesoleucus*
Perciformes	Rachycentridae	*Rachycentron canadum*
Perciformes	Serranidae	*Epinephelus areolatus*
Perciformes	Serranidae	*Cephalopholis urodeta*
Perciformes	Serranidae	*Cephalopholis cyanostigma*
Perciformes	Serranidae	*Epinephelus formosa*
Perciformes	Serranidae	*Epinephelus coiodes*
Perciformes	Serranidae	*Cephalopholis boenack*
Perciformes	Serranidae	*Plectropomus maculatus*
Perciformes	Serranidae	*Diplorion bifasciatum*
Perciformes	Serranidae	*Epinephelus sexfasciatus*
Perciformes	Labridae	*Choerodon schoenleinii*
Perciformes	Labridae	*Cheilinus trilobatus*
Perciformes	Labridae	*Cheilinus chlorourus*
Perciformes	Polynemidae	*Eleutheronema tetradactylus*
Perciformes	Pomacentridae	*Abudefduf bengalensis*
Perciformes	Pomacentridae	*Pomacanthus annularis*
Perciformes	Scaridae	*Scarus ghobban*
Perciformes	Scatophagidae	*Siganus guttatus*
Perciformes	Scombridae	*Scomberoides commersonnianus*
Perciformes	Scombridae	*Scomberoides tala*

	Perciformes	Scombridae	*Rastrelliger brachysoma*
	Perciformes	Scombridae	*Rastrelliger kanagurta*
	Perciformes	Sciaenidae	*Paranibea semiluctuosa*
	Perciformes	Sparidae	*Terapon jarbua*
	Perciformes	Sparidae	*Dextex tumifrons*
	Perciformes	Sphyreanidae	*Sphyraena flavicaudas*
	Perciformes	Sphyreanidae	*Sphyraena putnamae*
	Perciformes	Sphyreanidae	*Sphyraena forsteri*
	Perciformes	Sphyreanidae	*Sphyraena jello*
	Perciformes	Siganidae	*Siganus javus*
	Perciformes	Siganidae	*Siganus fuscescens*
	Perciformes	Siganidae	*Siganus vulpinus*
	Perciformes	Siganidae	*Siganus canaliculatus*
	Perciformes	Toxotidae	*Toxotes chatareus*
	Pleuronectiformes	Cynoglossidae	*Cynoglossus bilineatus*
	Pleuronectiformes	Psettodidae	*Psettodes erumei*
	Clupeiformes	Clupeidae	*Sardinella melanura*
	Carcharhiniformes	Scyliorhinidae	*Atelomycterus marmoratus*
	Orectolobiformes	Hemiscyllidae	*Chiloscyllium griseum*
	Orectolobiformes	Hemiscyllidae	*Chiloscyllium punctatum*
	Orectolobiformes	Brachaeluridae	*Brachaelurus colcloughi*
	Myliobatiformes	Dasyatidae	*Taeniura lymma*
	Myliobatiformes	Dasyatidae	*Dasyatis ushie*
Chondrichthyes	Myliobatiformes	Dasyatidae	*Pastinachus sephen*
	Myliobatiformes	Dasyatidae	*Himantura gerradi*
	Myliobatiformes	Dasyatidae	*Dasyatis parvonigra*
	Myliobatiformes	Myliobatidae	*Aetobatus narinari*
	Rajiformes	Rajidae	*Rhycobatus australiae*
	Tetraodontiformes	Balistiidae	*Abalistes stellaris*

Tetraodontiformes	Diodontidae	*Diodon hystix*
Tetraodontiformes	Monocanthidae	*Chaetodermis penicilligerus*
Tetraodontiformes	Monocanthidae	*Monacanthus chinensis*
Tetraodontiformes	Monacanthidae	*Aluterus scriptus*
Tetraodontiformes	Monocanthidae	*Aluterus monocerus*
Tetraodontiformes	Monocanthidae	*Pseudomonacanthus macrurus*
Tetraodontiformes	Ostraciidae	*Ostracion cubicus*
Tetraodontiformes	Ostraciidae	*Ostracion nasus*
Tetraodontiformes	Tetraodontidae	*Lagocephalus suezensis*
Tetraodontiformes	Tetraodontidae	*Arothron immaculatus*
Tetraodontiformes	Tetraodontidae	*Arothron mappa*

W sumie zarejestrowano 5341 osobników, które obejmują 47 rodzin należących do 75 rodzajów 108 gatunków w całym okresie pobierania próbek (kwiecień 2019 do października 2019) z wód przybrzeżnych Pekan, Pahang od (Tabela 1). Wśród schwytanych ryb dominowały Nemipteridae, a następnie Lutjanidae i Carangidae. Te 47 rodzin zostało zakwalifikowanych do klasy Chondrichthyes i Osteichthyes, które odegrały istotną rolę w tworzeniu składu gatunkowego ryb w wodzie przybrzeżnej Pekan. Klasa Osteichthyes (ray-finned fishes) została zaobserwowana jako największa klasa kręgowców wraz z 50 gatunkami znalezionymi w tym badaniu. Te ryby w tej klasie zostały zidentyfikowane z promieniami płetw i łuski na ich ciele (ganoid, cykloid lub ctenoid).

Spośród innych rodzin w tym badaniu, rodzina Nemipteridae była dominująca, wnosząc 36,01% ogółu ryb złowionych na badanym obszarze podczas pory bezmonsunowej i monsunowej z indeksem różnorodności (H') wynoszącym odpowiednio 1,376 i 1,115. Rodzina Nemipteridae składa się z 5 gatunków, którymi są: *Pentapodus setosus, Scolopsis monogramma, Nemipterus furcosus, Scolopsis taenioptera* i *Scolopsis affinis*. Ta rodzina lub znana również jako leszcz płetwiasty jest pospolitą rybą denną Indo-Pacyfiku, która obejmuje 3 rodzaje, a mianowicie: Nemipterus, Pentapodus i Scolopsis. Wśród wszystkich gatunków z rodziny Nemipteridae, *Nemipterus furcosus* był dominujący wśród wszystkich 5 gatunków.

Na podstawie zebranych prób, Nemipterus furcosus został uznany za gatunek dominujący ze względu na najwyższą liczebność, stanowiącą 43% liczby osobników odłowionych na obszarze objętym próbą. Największą liczebność odnotowano w październiku. Drugim pod względem liczebności gatunkiem z rodziny Nemipteridae był Pentapodus setosus, którego udział wynosił 29%. W przypadku Scolopsis monogramma, Scolopsis taenioptera i Scolopsis affinis odnotowano odpowiednio 413, 159 i 66 odłowionych osobników. Najwięcej osobników Nemipterus furcosus i Scolopsis taenioptera złowiono w październiku (542 osobniki), a 80 osobników Scolopsis monogramma, podobnie jak Scolopsis affinis, w sierpniu.

11

Tabela 2: sezonowa zmienność procentowej liczebności ryb (%) w wodzie przybrzeżnej Pekan, Pahang

	Bez monsunu		Monsun
Rodzina	Liczebność (%)	Rodziny	Liczebność (%)
Nemipteridae	36.01%	Nemipteridae	48.71%
Lutjanidae	21.85%	Lutjanidae	15.91%
Carangidae	5.73%	Carangidae	11.25%
Serranidae	3.89%	Serranidae	4.45%
Sparidae	3.31%	Haemulidae	3.59%
Siganidae	2.70%	Siganidae	2.52%
Mullidae	2.54%	Monocanthidae	2.38%
Caesionidae	2.25%	Sparidae	1.79%
Dasyatidae	2.25%	Scombridae	1.59%
Haemulidae	1.55%	Tetraodontidae	1.24%
Monocanthidae	1.55%	Caesionidae	1.24%
Rajidae	1.51%	Mullidae	0.90%
Ariidae	1.31%	Ariidae	0.86%
Scaridae	1.19%	Lethrinidae	0.76%
Chirocentridae	1.15%	Holocentridae	0.48%
Tetraodontidae	1.10%	Sphyreanidae	0.48%
Hemiscyllidae	1.06%	Gerreidae	0.35%
Brachaeluridae	0.90%	Scaridae	0.24%
Scombridae	0.90%	Brachaeluridae	0.17%
Sciaenidae	0.86%	Eugraulidae	0.14%
Gerreidae	0.82%	Ostraciidae	0.14%
Holocentridae	0.82%	Balistiidae	0.10%
Scatophagidae	0.74%	Chaetodontidae	0.10%
Sphyreanidae	0.74%	Cyglossidae	0.07%
Lethrinidae	0.41%	Drepaneidae	0.07%
Drepaneidae	0.37%	Ephippidae	0.07%

Chaetodontidae	0.33%	Batrachoididae	0.03%
Toxotidae	0.33%	Chirocentridae	0.03%
Polynemidae	0.49%	Dasyatidae	0.03%
Ostraciidae	0.29%	Hemiscyllidae	0.10%
Labridae	0.20%	Lactariidae	0.10%
Scyliorhinidae	0.20%	Labridae	0.03%
Pomacentridae	0.08%	Pomacentridae	0.03%
Mugilidae	0.08%		
Ephippidae	0.08%		
Eugraulidae	0.08%		
Rachycentridae	0.08%		
Clupeidae	0.04%		
Diodontidae	0.04%		
Myliobatidae	0.04%		
Pomacanthidae	0.04%		
Psettodidae	0.04%		
Plotosidae	0.04%		

Rodzina Nemipteridae to ryby denne, które żyją na dnie błotnym i piaszczystym w przybrzeżnych wodach przybrzeżnych, jak również w przybrzeżnych wodach szelfowych. Charakterystyczne dla tej rodziny są wydłużone do umiarkowanie głębokich, ściśnięte, małe do średniej wielkości ryby sparoidalne. U *Nemipterus* i *Pentapodus,* usta są końcowe, małe do umiarkowanych; umiarkowanie wystające; zęby w szczękach stożkowe, obecne są powiększone kły. Kolor ciała wydawał się być bardzo wyłaniający, często różowawy lub czerwonawy z czerwonymi, żółtymi lub niebieskimi oznaczeniami. Rybacy często poławiają te leszcze, ponieważ jest na nie duży popyt na rynku.

Rodzina Lutjanidae była drugą pod względem liczebności rodziną złowioną na tym obszarze badawczym, stanowiąc 21,85% wszystkich ryb złowionych w okresie bezmonsunowym. Rodzina Lutjanidae z obszaru objętego próbą składała się z Lutjanus *vitta, Lutjanus ruselli* i Lutjanus *lutjanus.* Procentowy udział gatunków z tej rodziny wynosił: *Lutjanus vitta*: 38%, *Lutjanus ruselli*: 1%, *Lutjanus lutjanus*: 61% (Tabela 2).

Tabela 3: Wskaźnik różnorodności i dominacji ryb zidentyfikowanych w miejscach pobierania próbek.

Zmiany sezonowe	Całkowita liczba stwierdzonych gatunków	H'	1-D	BP
Non-monsoon	92	3.284	0.9326	0.1335
Monsun	67	2.766	0.8798	0.2751

Obliczono wartość wskaźnika różnorodności Shannona-Weavera (H'), indeksu Simpsona i indeksu Bergera Parkera w zależności od zmian sezonowych. Po przeliczeniu całych prób (108) stwierdzono, że całkowita wartość H' wynosiła 3,288 w sezonie bezmonsunowym i 2,766 w sezonie monsunowym. Nie ma istotnej różnicy (p>0,05) pomiędzy dwoma monsunami. W porze bezmonsunowej najwyższy wskaźnik różnorodności Shannona (2,978) stwierdzono w czerwcu, a najniższy (2,466) w maju. Natomiast w sezonie monsunowym najwyższy wskaźnik różnorodności Shannona (2,884) stwierdzono we wrześniu, a najniższy (2,244) w październiku. Wskaźnik różnorodności Simpsona, (1/D) był najwyższy (0,9327) w porze bezmonsunowej w porównaniu do pory monsunowej (0,8798). Indeks dominacji Bergera Parkera (a/d) wykazał, że dominacja gatunków była wyższa w porze monsunowej i wynosiła 0,2751 w porównaniu z porą bez monsunu (0,1334) (tab. 3).

DYSKUSJA

Zmniejszanie się liczebności ryb jest powszechnie spowodowane kilkoma czynnikami, takimi jak nadmierna eksploatacja gatunków, wprowadzanie gatunków inwazyjnych, zanieczyszczenia miejskie, przemysłowe, a także utrata siedlisk bioróżnorodności wodnej zarówno w środowisku słodkowodnym, jak i morskim. W rezultacie, cenne zasoby wodne stają się coraz bardziej podatne na naturalne i sztuczne zmiany środowiskowe. Dlatego też strategia ochrony i zachowania życia wodnego jest konieczna, aby utrzymać równowagę w przyrodzie i wspierać dostępność zasobów dla przyszłych pokoleń (Ahmad Azfar, 2009). Morze Południowochińskie leży w strefie tropikalnej zachodniej części Oceanu Spokojnego, na południowo-wschodnim krańcu kontynentu azjatyckiego i znane jest zarówno z wysokiej produktywności, jak i bogatej różnorodności roślin i zwierząt. W tym badaniu, w sumie 5341 osób zostały zarejestrowane, które składa się z 47 rodzin i 108 gatunków z przybrzeżnej wody Pekan, Pahang, przy czym 2444 osób nagrane w sezonie non-monsoon i 2897 osób w sezonie monsunowym.

Podobne badania zostały przeprowadzone przez innych badaczy w Morzu Południowochińskim. Randall i Lim (2000) wymienili co najmniej 3 365 gatunków ryb morskich z Morza Południowochińskiego. Mohsin i Ambak (1996) podali 710 gatunków ryb morskich z wód malezyjskich i mórz przyległych. Adrim et al. (2004) odnotowali 430 gatunków ryb morskich z wysp Anambas i Natuna na szelfie Sunda między Półwyspem Malajskim a Borneo w Morzu Południowochińskim. Ostatnio Ambak et al. (2010) oszacowali występowanie 2 243 gatunków ryb w wodach malezyjskich i 26% z ponad 441 gatunków ryb odnotowanych przez Matsunuma et al. (2011) w wodach Terengganu.

Podczas badań terenowych ryb w Terengganu w latach 2008-2009 odnotowano 441 gatunków ryb morskich i estuariowych ze 108 rodzin, które stanowią około 13% z ponad 3365 gatunków ryb odnotowanych przez Randalla i Lima (2000) z Morza Południowochińskiego. Morfologia, ekologia, dystrybucja, okazy ze zdjęciami i literatura ryb (300 rodzin z 3086 gatunków), które głównie występują w Morzu Południowochińskim zostały zebrane przez *Fish Database of Taiwan* (Shao 2011).

Według Wang et al., (2012), 95 gatunków w 86 rodzajach z 69 rodzin zostało zidentyfikowanych przy użyciu DNA Barcoding z dwóch regionów Morza Południowochińskiego: Wysp Spratly i Zatoki Beibu. Również Adrim et al., (2004) odnotowali 430 gatunków ryb morskich z wysp Anambas i Natuna na Szelfie Sunda pomiędzy Półwyspem Malajskim a Borneo w Morzu Południowochińskim. Mohsin i Ambak (1996) zgłosili 710 gatunków ryb morskich z wód malezyjskich i mórz przyległych.

Na podstawie indeksu Shannona-Weavera, sezon bez monsunów jest bardziej zróżnicowany w porównaniu z sezonem monsunowym. Jednakże nie ma znaczącej różnicy pomiędzy tymi dwoma porami roku. Również wskaźnik różnorodności Simpsona (1/d) wykazał, że pora bezmonsunowa jest bardziej zróżnicowana niż pora monsunowa. Według Alonso i in., (2017), roczny cykl monsunowy jest główną siłą naturalną, która wpływa na organizmy morskie w regionach tropikalnych. Badania przeprowadzone przez (Al, 2007) donoszą, że temperatura znacząco wpływa na dyspersję larw morskich ze względu na tempo procesów biochemicznych w organizmach kontrolowanych przez temperaturę. W rezultacie, procesy na poziomie populacji, gatunków i społeczności zostały dotknięte. Przez wahania temperatury, liczba i różnorodność dorosłych gatunków zmienia się w środowisku morskim, ponieważ larwy

czas rozwoju ulega zmianie. Oczywiste było, że wartości parametrów jakości wody lub efekt rosnącej presji rybackiej byłyby odpowiedzialne za różnice w różnorodności gatunkowej w różnych siedliskach morskich (Komsari i inni, 2015; Jalal, i inni, 2012 a, b). Nasze dane dotyczące jakości wody z Departamentu Meteorologicznego wzdłuż wód przybrzeżnych Pekan wykazały, że nie było większych wahań w parametrach fizycznych (temperatura i dane dotyczące opadów) w okresie badań. Być może ilość opadów wraz z istniejącym zakresem temperatur mogą być dwoma głównymi czynnikami wyzwalającymi złowione ryby do rozpoczęcia tarła i zwiększenia liczebności trzech rodzin (Nemipteridae, a następnie Lutjanidae i rodziny Carangidae) w obszarze pobierania próbek.

W niniejszych badaniach rodzina Nemipteridae odnotowała najwyższy indeks Shannona-Weavera w sezonie monsunowym w porównaniu z sezonem bez monsunu. Obszar ten może być miejscem tarła, o czym informowali rybacy obserwując ryby, ikrę i narybek w okolicy badanego obszaru. Poza tym, ryby należące do tej rodziny mogą przemieszczać się głównie w formie ławicy, aby żywić się głównie innymi małymi rybami, głowonogami, skorupiakami i wieloszczetami. W rzeczywistości, najwyższe połowy tej rodziny mogą być również spowodowane wysokim popytem na rynku, ponieważ są to połowy komercyjne i rzemieślnicze. Podobnie, rodziny występujące na tym obszarze to Lutjanidae, Caesionidae, Lethrinidae i Haemulidae. Zaobserwowano, że różne gatunki mają różny czas tarła i różne siedliska.

W związku z tym, drugim pod względem liczebności osobnikiem poławianym w okresie pobierania próbek są Lutjanidae. Rodzina ta znana jest również jako lucjany i obejmuje ponad 100 gatunków ryb tropikalnych i subtropikalnych. Wskaźnik Shannona-Wavera dla tych ryb był wyższy w sezonie monsunowym w porównaniu z sezonem bez monsunu. According to Pacific Community, this family commonly tarło wzdłuż lat w cieplejszych wodach, ale, podczas cieplejszych miesięcy, podróżują do chłodniejszych wód szczególnie wzdłuż zewnętrznych raf i kanałów do rozmnażania. Według Ala (2007) odległość, na jaką podróżowały larwy, zmieniała się w zależności od temperatury oceanu. Stwierdzono, że larwy tego samego gatunku przemieszczają się bardziej w wodach zimniejszych w porównaniu z wodami cieplejszymi. Narybek ryb w zimnych wodach rozwija się wolniej i dryfuje dalej przed rozpoczęciem kolejnego etapu rozwoju ze względu na spowolniony metabolizm spowodowany niskimi temperaturami. Zapłodnione jaja w większości lucjanów związanych z rafą, które dryfują z prądami przez około miesiąc, wylęgają się w małe formy. Po 3 do 8 lat, młode stają się dojrzałym dorosłym i narażone na otwarte obszary wód przybrzeżnych. Tak więc, są one łatwo złowione, jak gromadzą się w dużych grupach do rasy, która była widoczna w okresie naszych badań wzdłuż obszarów połowowych wód przybrzeżnych Pekan.

Trzecią wysoce zróżnicowaną rodziną odnotowaną w niniejszych badaniach były Carangidae, których udział wynosił 5,73% w sezonie bezmonsunowym i 11,25% w sezonie monsunowym. Korzystne siedlisko tej rodziny jest wody przybrzeżne w tropikalnych i umiarkowanych wodach na całym świecie. Większość gatunków porusza się w ławicach, z wyjątkiem *Alectis*; niektóre gatunki są szeroko rozpowszechnione, a młode zwykle można znaleźć w środowiskach słonawych, inne (*Elagatis* i *Naucrates*) są rybami pelagicznymi, które powszechnie występują przy powierzchni lub w pobliżu powierzchni w wodach oceanicznych. Wśród tych rodzin zidentyfikowano kilka gatunków: *Selaroides leptolepis, Selar boops, Atule mate, Tranchinotus blochii, Alectis indicus, Alectis ciliaris, Carangoides malabaricus* i *Megalaspis cordyla*. *Atule mate* jest najwyższym osobnikiem odławianym zarówno w okresie monsunowym, jak i pozamonsunowym. Według Mundy'ego (2005), dorosłe osobniki można znaleźć na obszarach namorzynowych i w przybrzeżnych zatokach w wodach pelagicznych. Ponadto, forma szkoły może być rejestrowany w wodach przybrzeżnych (Smith-Vaniz., 1999). Ich pokarmem są głównie skorupiaki i planktonowe kręgowce, takie jak widłonogi (Allen i in., 2012; Fischer i in., 1990).

PODSUMOWANIE

W przybrzeżnej wodzie Pekan, Pahang, Malezja, odnotowano 5341 osobników obejmujących 75 rodzajów, 47 rodzin i 108 gatunków. Wśród złowionych ryb dominowały Nemipteridae, następnie Lutjanidae, a rodzina Carangidae była bardzo zróżnicowana na badanym obszarze. Obecność narybku o różnej wielkości w sieci rybackiej wskazywała, że tarliska gatunków z tych trzech (3) rodzin mogą znajdować się wzdłuż wód przybrzeżnych Pekan. Ogólnie rzecz biorąc, wysoka różnorodność gatunkowa w obszarze pobierania próbek może sugerować, że istnieje

może być wiele udanych gatunków i bardziej stabilny ekosystem. Ponadto, złożona sieć pokarmowa i zmiany środowiskowe są mniej prawdopodobne, aby być szkodliwe dla ekosystemu w pobliżu wód przybrzeżnych Pekan.

Niemniej jednak, działalność połowowa wzdłuż wód przybrzeżnych musi być kontrolowana w kierunku dyskryminującego sposobu dla zrównoważonego rozwoju tych cennych gatunków handlowych w tej fascynującej wodzie przybrzeżnej Pekan, Pahang, Malezja. Programy monitorowania rybołówstwa powinny obejmować okresowe pobieranie próbek przy użyciu technik takich jak połowy eksperymentalne i badania lotnicze rybaków w celu określenia różnorodności gatunkowej i socjoekonomicznej społeczności ryb. Uzyskane informacje mogą być następnie wykorzystane do określenia stanu zdrowia wód przybrzeżnych, estuarium i systemu rzecznego, jak również do zainicjowania odpowiedniego zarządzania i programów ochrony wzdłuż Morza Południowochińskiego.

REFERENCJE

Adrim, M., I.-S. Chen, Z.-P. Chen, K. K. P. Lim, H. H. Tan, Y. Yusof, and Z. Jaafar. (2004). Marine fishes recorded from the Anambas and Natuna Islands, South China Sea. Raffles Bull. Zool. Suppl., (11): 117-130.

Ahmad Azfar, M. (2009) Diversity and Distribution of Fishes in Pahang Estuary, Malaysia. Praca magisterska. 196 pp.

Al, M. I. O. et. (2007). How do Changes in Ocean Temperature affect Marine Ecosystems?, (52), 2007-2007. Ze strony http://ec.europa.eu/environment/integration/research/newsalert/pdf/52na2.pdf.

Allen, G.R. i M.V. Erdmann, 2012. Reef fishes of the East Indies. Perth, Australia: University of Hawai'i Press, tomy I-III. Tropical Reef Research.

Alonso Aller, E., Jiddawi, N. S., & Eklöf, J. S. (2017). Marine protected areas increase temporal stability of community structure, but not density or diversity, of tropical seagrass fish communities. *PLoS ONE*, *12*(8), 1-23. https://doi.org/10.1371/journal.pone.0183999

Ambak, M.A., Mansor, M.I., Zaidi, M.Z. and Mazlan, A. G (2010). *Fishes in Malaysia*. 315 pp.

Azid, A., Noraini, C., Hasnam, C., Juahir, H., Amran, M.A., Toriman, M.E. & Kamarudin, A. 2015. Coastal erosion measurement along Tanjung Lumpur to Cherok Paloh, Pahang during the Northeast Monsoon Season. *Journal Teknologi* 1: 27-34.

Caruso, T., Pigino, G., Bernini, F., Bargagli, R., & Migliorini, M. (2007). The Berger- Parker index as an effective tool for monitoring the biodiversity of disturbed soils: a case study on Mediterranean oribatid (Acari: Oribatida) assemblages. *Biodiversity and Conservation, 16*(12), 3277-3285.

Chong, V. C., Jamizan, A. R., Yazid, Z., Rizman, I., Ali, S. H. & Natin, P. (2010). Diversity and abundance of fish and invertebrates of Semerak estuary and adjacent inshore waters, Kelantan. *Malaysian Journal of Science* **29,** 91-106.

Department of Fisheries (2015) National plan for action for the management of fishing capacity in Malaysia (Plan 2). 50 pp.

17

Fazly Amri Mohd, Khairul Nizam Abdul Maulud, Rawshan Ara Begum, Siti Norsakinah Selamat, & Othman A.Karim. (2018). Impact of Shoreline Changes to Pahang Coastal Area by Using Geospatial Technology. *Sains Malaysiana, 47*(5), 991-997.

Fischer, W., I. Sousa, C. Silva, A. de Freitas, J.M. Poutiers, W. Schneider, T.C. Borges, J.P. Feral i A. Massinga, 1990. Karty identyfikacji gatunków FAO dla działalności połowowej. Przewodnik terenowy po handlowych gatunkach morskich i słonawowodnych Mozambiku. Publikacja przygotowana we współpracy z Instituto de Investigaçao Pesquiera de Moçambique, przy wsparciu finansowym UNDP/FAO Project MOZ/86/030 i NORAD. Rzym, FAO. 1990. 424 p.

Jalal, K.C.A, Kamaruzzaman, Y. Arshad A., Arafatur, R., Rahman, M. F. (2012 a). Diversity and distribution of fishes in tropical estuary Kuantan, Pahang, Malaysia. Pakistan Journal of Biological Sciences, 15 (12), pp. 576-582.

Jalal, K.C.A, M. Ahmad Azfar, B. Akbar John, Y.B. Kamaruzzaman i S. Shahbudin. (2012 b). Diversity and Community Composition of Fishes in Tropical Estuary Pahang Malaysia. Pakistan Journal of Zoology. 44(1), 181-187.

Komsari, M.S., Barni, A., Khara, H. (2015) Growth and population on the structure of the European Perch *Percafluviatilis Linnaeus*, 1758 (Osteichthyes: Percidae) in the Anzali wetland south-west Caspian Sea. Ind, J. Fish. 62(1):6-11.

Mansor, M.I., Kohno, H., Ida, H., Nakamura, H. T., Aznan, Z. & Abdullah, S. (eds.), (1998). Field Guide to important commercial marine fishes of the South China Sea. SEAFDEC/MFRDMD/SP/2.

Matsunuma, M., Motomura, H., Matsuura, K., Shazili, N. A. M., & Ambak, M. A. (2011). *Fishes of Terengganu East coast of Malay Peninsula, Malaysia. National Museum of Nature and Science.* Retrieved from http://www.museum.kagoshima-u.ac.jp/staff/motomura/TFG_lowres.pdf

MMD. (2011). Miesięczny przegląd opadów deszczu Malezyjskieg o Departamentu Meteorologicznego. (2011). Z: http://www.met.gov.my/?lang=en

Mohsin, A. K. M. i M. A. Ambak. 1996. Marine fishes and fisheries of Malaysia and neighbouring countries. Universiti Pertanian Press, Serdang, iv + xxxvi + 744 pp.

Mundy B.C., (2005). Checklist of the fishes of the Hawaiian Archipelago. Bishop Mus. Bull. Zool. (6):1- 704

Randall J.E., Lim KKP, Alien GR, Amaoka K, Anderson WD, Jr, Bellwood DR, Bohlke EB, Bradbury MG, Carpenter KE, Caruso JH, Cohen AC, Cohen DM. (2000). A checklist of the fishes of the South China Sea. Raffles Bull Zool supplement: 569–667.

Shannon, C. E., and Weaver, W., 1949. *The Mathematical Theory of Communication.*

Shao K.T., (2011). Baza danych ryb Tajwanu. WWW Publikacja elektroniczna. wersja 2009/1.

Simpson, E. H. (1949). Pomiar różnorodności. *Nature 163*, 688.

Smith-Vaniz, W.F., 1999. Carangidae. Jacks and scads (also trevallies, queenfishes, runners, amberjacks, pilotfishes, pampanos, etc.). p. 2659-2756. In K.E. Carpenter and V.H. Niem (eds.) FAO species identification guide for fishery purposes. The living marine resources of the Western Central Pacific. Vol. 4. Bony fishes part 2 (Mugilidae to Carangidae). Rzym, FAO. 2069-2790 p.

Tobergte, D.R. & Curtis, S. 2013. Region wschodniego wybrzeża Malezji. *Journal of Chemical* Urbana: University of Illinois Press.

Wang, Z. D., Guo, Y. S., Liu, X. M., Fan, Y. B., & Liu, C. W. (2012). DNA barcoding South China Sea fishes. *Mitochondrial DNA, 23*(5), 405-410. https://doi.org/10.3109/19401736.2012.710204

Badanie aktywności dehydrogenazy glukozo-6-fosforanowej u mangrowców Streptomyces do produkcji aktynodinu i podcyloprodigiozyny

Azizan, N.H. *1, Zainal Abidin, Z.A. [1], Sharif, M.F. [1] i Mohd Maizam, A.F. [1]

[1]*Department* of Biotechnology, Kulliyyah of Science, International Islamic University Malaysia, Jalan Sultan Ahmad Shah, Bandar Indera Mahkota, 25200, Kuantan, Pahang, Malaysia.

Autor korespondencyjny:fizahazizan@iium.edu.my

ABSTRACT

W niniejszej pracy oceniono możliwości wykorzystania testu aktywności dehydrogenazy glukozo-6-fosforanowej do produkcji aktinohormonu i undecyloprodigiozyny z namorzyn Streptomyces. Dotychczas stosowano kilka metod badania aktywności przeciwdrobnoustrojowej, takich jak punktowy test agarowy i dyfuzyjny test krążkowy, ale są to metody długotrwałe i czasochłonne. Dlatego, aby przezwyciężyć te ograniczenia, zaproponowano test oparty na płytkach, który umożliwiłby szybkie badanie produkcji metabolitów wtórnych w wielu próbkach w jednym czasie. Rozwój testu płytkowego został przeprowadzony poprzez optymalizację testu aktywności dehydrogenazy glukozo-6-fosforanowej. Ten sprzężony test opierał się na produkcji fosforanu dinukleotydu adeninowo-dihydronamidowego (NADPH), przy czym odpowiednia kombinacja fosforanu dinukleotydu nikotynamidowego (NADP) i glukozo-6-fosforanu (G6P) została dopracowana. Produkcja NADPH była mierzona przy absorbancji 340 nm, gdzie zredukowany kofaktor NADPH jest łatwo absorbowany przy tej długości fali. Próbki o różnych stężeniach surowego lizatu poddawano działaniu różnych substratów w celu uzyskania najlepszej krzywej aktywności. Mimo, że wyjaśnienie wyraźnych wzorców jest spekulatywne, uważa się, że pewne ulepszenia lub optymalizacje tych badań mogą dostarczyć obiecującej wiedzy, która może służyć jako użyteczne odniesienie w przyszłości.

Słowa kluczowe: *Actinohordin, Dihydronicotinamide-Adenine Dinucleotide Phosphate, Nicotinamide Adenine Dinucleotide i Undecylprodigiosin.*

WPROWADZENIE

Actinomycetes są gram-dodatnimi bakteriami nitkowatymi, które wytwarzają powietrzne hypae i różnicują się w łańcuchy zarodników (Kämpfer, 2015; Barka *i in.*, 2016). Można je znaleźć w środowisku glebowym, słodkowodnym i morskim. Produkowały różne użyteczne związki znane jako metabolity wtórne o ważnych zastosowaniach, takie jak antybiotyki tetracyklina, erytromycyna, wankomycyna i streptomycyna (Weber *i in.*, 2015). W ciągu ostatnich trzydziestu lat naukowcy wykazali zwiększone zainteresowanie bakteriami produkującymi antybiotyki, ponieważ dają one wiele korzyści w medycynie ludzkiej, jak również w produkcji komercyjnej.

Wcześniej aktywność przeciwdrobnoustrojowa metabolitów wtórnych była oceniana poprzez pokrycie płytki izolacyjnej organizmem wskaźnikowym lub test agarowo-kropelkowy, który był wykorzystywany do wykrywania aktywności antagonistycznej pomiędzy bakteriami (Kun, 2003). Metody te mają jednak poważne ograniczenia, gdyż może dojść do potencjalnego zanieczyszczenia wybranych kolonii organizmami wskaźnikowymi. Ponadto, są to długie metody przesiewowe, ponieważ tylko jeden organizm wskaźnikowy może być zastosowany do każdej płytki izolacyjnej w tym samym czasie. Poza tym, HPLC jest również jedną z opcji metod przesiewowych, jednak czasochłonną (Ethiraj *i in.,* 2011).

Niemniej jednak, metabolity wtórne są zazwyczaj produkowane w bardzo małej ilości w przyrodzie. W związku z tym przeprowadzono wcześniej wiele badań mających na celu poznanie sieci metabolicznej centralnego metabolizmu węgla, prekursorów i kofaktorów wymaganych w syntezie metabolitów wtórnych w celu zwiększenia wydajności produktu (Fan i *in.*, 2016). Stwierdzono, że ilości prekursorów do produkcji metabolitów wtórnych wymaganych z metabolizmu pierwotnego stopniowo stają się ograniczone wraz ze wzrostem wydajności produktu. Dlatego też konieczne jest, aby

dostarczenie odpowiedniej liczby prekursorów, które na ogół są dostarczane przez katabolizm substratów węglowych w celu uzyskania wysokiej wydajności metabolitów wtórnych.

Dlatego też, w celu optymalizacji testów enzymatycznych, zaprojektowano badania mające na celu indukcję produkcji dwóch wtórnych związków metabolicznych, aktynodinu (ACT) i undecyloprodigiozyny (RED) poprzez ukierunkowanie na szlak pentozo-fosforanowy (PPP) *Streptomyces*. Odbywa się to poprzez promowanie konwersji pierwszego enzymu tego szlaku, którym jest dehydrogenaza glukozo-6-fosforanowa (G6PDH), poprzez znalezienie najlepszej kombinacji stosunku jego substratów: glukozo-6-fosforanu (G6P) i dinukleotydu nikotynamidowo-adeninowego (NAD). Ma to na celu zapewnienie enzymom G6PDH odpowiednich ilości substratu w celu zmaksymalizowania produkcji NADPH przed katalizą drugiej ścieżki metabolicznej, co w połączeniu zwiększy produkcję antybiotyków, jak sugerują Gunarson *i inni*, (2004). Zasadniczo, NADPH jest czynnikiem redukującym używanym w procesie wytwarzania metabolitów wtórnych.

ACTINOMYCETES
Nazwa actinomycetes pochodzi od greckiego słowa "aktis", które oznacza promień i "mykes", które odnosi się do grzyba. Nazwa ta została nadana na podstawie ich morfologii, gdzie posiadają cechy zarówno bakterii, jak i grzybów (Das i *in.*, 2008), a mimo to są zaliczane do królestwa bakterii (Madigan *i in.*, 2009). Zawierają DNA bogate w G+C na poziomie około 57-75% (Lo *et al.*, 2002), które są filogenetycznie powiązane z dowodami katalogowania rybosomalnego 16s i badań parowania DNA: rRNA przez Goodfellow & Williams (1983). Charakteryzują się one złożonym cyklem życiowym, opisywanym przez azyl Actinobacteria, który stanowi jedną z największych jednostek taksonomicznych spośród 18 głównych linii wyróżnianych obecnie w obrębie domeny Bacteria (Ventura *i in.*, 2007).

Actinomycetes są powszechnie spotykane zarówno w ekosystemach lądowych jak i wodnych, głównie w glebie. Odgrywają one ważną rolę w recyklingu opornych biomateriałów poprzez rozkład złożonych mieszanin polimerów w martwych roślinach, zwierzętach i materiałach grzybowych, co skutkuje produkcją wielu enzymów zewnątrzkomórkowych, które sprzyjają produkcji roślinnej (Chaudhary i *in.*, 2013). Ponadto, actinomycetes dają również duże efekty w biologicznym buforowaniu gleb, biologicznej kontroli środowisk poprzez wiązanie azotu i degradację związków o wysokiej masie cząsteczkowej, takich jak węglowodory w zanieczyszczonej glebie. Tak więc, mikroorganizmy te odgrywają istotną rolę w utrzymaniu naszych ekosystemów.

Actinomycetes to przede wszystkim cenne bakterie, które są powszechnie znane ze względu na ich zdolność do produkcji metabolitów wtórnych. Berdy (2005) podał, że 10000 z 23000 bioaktywnych metabolitów wtórnych produkowanych przez mikroorganizmy pochodzi od bakterii z rodzaju Actinomycetes, co stanowi 45% wszystkich odkrytych bioaktywnych mikroorganizmów. Spośród różnych rodzajów aktyniowców, głównymi producentami związków bioaktywnych o znaczeniu komercyjnym są *Streptomyces, Saccharopolyspora, Amycolatopsis, Micromonospora i Actinoplanes* (Solanki *i in.*, 2008).

Streptomycetes coelicolor A3 (2)
Streptomycetes to tlenowe i gram-dodatnie bakterie, które wykazują wzrost nitkowaty z pojedynczego

zarodnika. Sieć rozgałęzionych włókien zwana grzybnią podłoża powstaje, gdy ich włókna rozrastają się poprzez wydłużanie końcówek i rozgałęzianie (Dyson, 2011). Są one powszechnie znane, ponieważ są głównym producentem i wytworzyły w sumie 7600 związków (Berdy, 2005). W rezultacie, *streptomycetes* stały się głównymi produkującymi antybiotyki aktynomycetes wykorzystywanymi przez przemysł farmaceutyczny.

Streptomyces coelicolor A 3(2), jest najlepiej poznanym szczepem produkującym metabolity wtórne wśród streptomycetes. Według Zhu *i wsp.*, (2014), z tego szczepu odkryto wiele metabolitów wtórnych, takich jak aktynodynę (ACT), undecyloprodigiozynę (RED), antybiotyk zależny od wapnia (Cda) oraz kodowaną przez plazmid metylenomycynę (Mmy). Ponadto, sekwencja genomu *S. coelicolor* ujawniła wiele wcześniej niezidentyfikowanych klastrów genów biosyntezy, w tym jeden dla prawdopodobnego antybiotyku zwanego kryptycznym poliketydem (Cpk), nawet po 50 latach badań nad nim. Badanie sekwencji klastrów genów antybiotyków i

kompletny genom *S. coelicolor* wykazał, że takie mikroorganizmy są prawdopodobnie zdolne do produkcji większej liczby metabolitów wtórnych (Higginbotham & Murphy, 2010).

AKTYNORHODYNĘ (ACT) I UNDECYLPRODIGIOZYNĘ (RED)
S. coelicolor syntetyzuje dwa chemicznie odrębne pigmenty, które są generalnie uważane za metabolity wtórne: aktynorhodynę (ACT), dyfuzyjny czerwono-niebieski wskaźnik pH oraz undecyloprodigiozynę (RED), czerwony związek związany ze ścianą komórkową (Rudd & Hopwood, 1980). W ciągu ostatnich trzydziestu lat badacze wykazali zwiększone zainteresowanie związkami RED ze względu na ich właściwości immunosupresyjne i przeciwnowotworowe, a także aktywność przeciwdrobnoustrojową. Tymczasem związki ACT wykazują aktywność przeciwbakteryjną wobec komórek gram-dodatnich (Mak, Xu & Nodwell, 2014).

Aktynorhodina jest aromatycznym poliketydem syntetyzowanym przez enzymy kodowane przez 22-kb klaster genów. Klaster genów odpowiedzialny za produkcję aktynorhodyny zawiera enzymy biosyntezy oraz geny odpowiedzialne za eksport antybiotyku. Klaster biosyntezy aktynorhodiny koduje również specyficzny dla szlaku aktywator (actII-orf4), który aktywuje geny biosyntezy. Ten gen aktywatorowy podlega z kolei działaniu globalnych regulatorów, które mogą aktywować lub represjonować jego ekspresję (Craney, Ahmed & Nodwell, 2013). Ponadto, ich produkcja zachodzi przy udziale syntazy poliketydowej typu II (PKS). Tworzenie aktynorhodiny rozpoczęto od tego, że szkielet węglowy jest wytwarzany w całości z prekursorów kwasów tłuszczowych, acetylo-CoA i malonylo-CoA w metabolizmie pierwotnym.

Tymczasem undecyloprodigiozyna jest czerwono pigmentowanym, związanym ze ścianą komórkową antybiotykiem, należącym do grupy polipirolowatych związków bioaktywnych zwanych prodigininami (Luti & Yonis, 2014), który jest kierowany przez 30-kb klaster genów. Dwa specyficzne dla szlaku aktywatory transkrypcyjne zaangażowane w aktywację genu prodigininy to RedZ i RedD. W szlaku, RedZ funkcjonuje jako bezpośredni aktywator RedD, który następnie oddziałuje na geny biosyntezy (Craney, Ahmed & Nodwell, 2013).

Przeprowadzono badania, których celem było określenie zależności pomiędzy produkcją metabolitów wtórnych a składem podłoża wzrostowego. W rezultacie wykazano, że Act produkował głównie w fazie stacjonarnej kultur wsadowych hodowanych z glukozą i azotanem sodu jako źródłami węgla i azotu. Natomiast Red gromadził się w fazie wykładniczej. Produkcja obu pigmentów była wrażliwa na poziom amonu i fosforanu w podłożu (Hobbs *i in.*, 1990).

Ponadto, przeprowadzono kilka badań nad delecją regionu kodującego genu syntetazy ppGpp, relA u *Streptomyces celicolor* A3 (2), co odpowiada produkcji antybiotyków. Zauważono, że istnieje korelacja pomiędzy genem syntetazy ppGpp, relA a początkiem produkcji undecylprodigiosin (Red) i

21

actinorhodin (Act), co prowadzi do sugestii, że ppGpp odgrywa centralną rolę w wyzwalaniu syntezy antybiotyków (Chakraburtty *et al.*, 1996).

Badania kultur wsadowych, z których część poddano głodzeniu aminokwasami, wskazały na korelację pomiędzy syntezą ppGpp a transkrypcją pomiędzy specyficznymi dla szlaku genami regulatorowymi dla Red i Act (dwóch pigmentowanych antybiotyków wytwarzanych przez szczep). Mutant relA null był hodowany w tym samym tempie co szczepy rodzicielskie, co skutkowało zubożeniem produkcji zarówno Act jak i Red w warunkach ograniczenia azotu, ale wydawał się produkować normalnie w innych warunkach (Chakraburtty, R., & Bibb, M. 1997). Wskazuje to, że aktynorhodin i undecylprodigiosin nie mogą być produkowane z powodu genu syntetazy ppGpp, relA nie może pracować w najlepsze w warunkach głodu aminokwasowego.

OZNACZENIE DEHYDROGENAZY GLUKOZO-6-FOSFORANOWEJ (G6PDH)

Wcześniej, wiele badań dowiodło, że produkcja metabolitów wtórnych zależy od prekursorów uzupełnianych z metabolizmu pierwotnego. Na przykład, w 2012 roku Wentzel *i wsp.* przeprowadzili badania mające na celu określenie zależności pomiędzy przepływem węgla w kierunku tworzenia biomasy i produkcji antybiotyków poprzez zmianę źródeł węgla i azotu lub zmianę początkowej objętości komórek w podłożu hodowlanym.

(Cheng *i in.*, 2013). W obu badaniach wykazano, że reakcje związane ze szlakiem aminokwasowym pomagały w koncentracji strumieni w kierunku biosyntezy różnych prekursorów niezbędnych do syntezy metabolitów wtórnych.

W związku z tym, ostatnie badania zostały przeprowadzone poprzez ukierunkowanie szlaków fosforanu pentozowego w celu poprawy produkcji metabolitów wtórnych (Aktynorhodin i Undecylprodigiosin). Jak wspomniano przez Fan *i in.* (2016), szlak fosforanu pentozy odgrywa ważną rolę w produkcji metabolitów wtórnych i jest uważany za źródło prekursorów.

G6PDH + G6P + NAD ❷ 6-fosfo-D-glukono-1,5-lakton + NADPH

Odbywa się to poprzez maksymalizację konwersji pierwszego enzymu szlaku, dehydrogenazy glukozo-6-fosforanowej (G6PDH), poprzez dostarczenie odpowiedniej liczby substratów, którymi są glukozo-6-fosforan (G6P) i dinukleotyd nikotynamidowo-adeninowy (NAD), w celu zwiększenia produkcji NADPH. Jak sugerują Gunarson, Eliasson & Nielsen (2004), NADPH odgrywa ważną rolę w zwiększaniu ilości metabolitów wtórnych. NADPH jest czynnikiem redukującym wykorzystywanym w procesie wytwarzania metabolitów wtórnych, a szlak fosforanu pentozy jest jednym z najważniejszych szlaków produkujących NADPH. Pierwszy enzym tego szlaku, dehydrogenaza glukozo-6-fosforanowa (G6PDH), jest powszechnie uważany za wyłącznego producenta NADPH.

MATERIAŁY I METODY
SZCZEPY BAKTERII
Streptomyces sp. K2-11 pochodziły z kolekcji laboratoryjnej (Research Lab 3, Kulliyyah Science, IIUM Kuantan), które zostały wyizolowane z osadów namorzynowych Tanjung, Lumpur, Kuantan, Pahang.
.

PRZYGOTOWANIE MEDIÓW
Ograniczające azot podłoże SMMS
W wodzie destylowanej rozpuszczono po 2 g kasaminokwasów Difco, buforu TES (5,68Gl-1) oraz agaru Bacto. Następnie pH dostosowano do 7,2 za pomocą 10 M NaOH przed sterylizacją w

22

autoklawie. Pożywki z następującymi składnikami dodawano w określonych ilościach: NaH2PO4 + K2H2PO4 (po 50 Mm, 10 mL na litr hodowli), MgSO4.7H2O (1 M, 5 mL na litr hodowli), glukoza (50% m.v., 18 mL na litr hodowli). Pierwiastki śladowe, które zawierały o.1 gL-1 ZnSO4.7H2O, FeSO4.7H2O, MnCl2.4H2O, CaCl2.6H2O i NaCl. Roztwory przechowywano w temperaturze 4°C w lodówce.

KULTUROWANIE *Actinomycetes*
Wszystkie szczepy bakterii hodowano na ograniczającym azot podłożu SMMS. Próbki inkubowano w temperaturze 28°C, mieszając przy 120 obr/min przez czternaście dni.

OZNACZENIE DEHYDROGENAZY GLUKOZO-6-FOSFORANOWEJ
Przygotowanie ekstraktów
Metoda została wykonana zgodnie z protokołem Borodiny *i wsp.*, (2008). Komórki użyte do oznaczeń aktywności zbierano po 67 h wzrostu w 200 ml zdefiniowanego podłoża w 1-litrowej kolbie wyposażonej w nierdzewną spiralę. Komórki zbierano przez odwirowanie i ponownie zawieszano w buforze zawierającym 50 mM TES, pH 7,2, 5 mM MgCl2, 5 mM 2-merkaptoetanolu, 50 mM (NH4)2SO4 i 0,1 mM fluorku fenylometylosulfonylu (bufor A). Do rozbicia komórek użyto lizozymu (dodać w stężeniu).

Oznaczenie aktywności G6PDH

Oznaczenia dehydrogenazy glukozo-6-fosforanowej (G6PDH, EC 1.1.1.49) oparte są na produkcji NADPH i zostały wykonane zgodnie z protokołem Lessie i Wyk, (1972) i zmodyfikowane przez Butler i *wsp.* Zarówno zużycie NADH jak i produkcja NADPH mierzone były spektrofotometrycznie przy długości fali 340 nm. Surowe lizaty zastosowano do oznaczenia aktywności G6PDH z użyciem dostarczonych substratów (G6P i NAD). Test był wykonywany w 96 dołkowej płytce przez dwie minuty, co umożliwiało jednoczesną analizę dużej liczby próbek.

G6PDH + G6P + NADP ❼ 6-fosfo-D-glukono-1,5-lakton + NADPH

WYNIKI I DYSKUSJA
PRZYGOTOWANIE
EKSTRAKTÓW
Pięć rodzajów Actinomycetes: *Streptomyces, Micromonospora, Nocardia, Nocardiopsis* i *Rhodococcus* zostało pobranych z kolekcji laboratoryjnych. Drobnoustroje te zostały zidentyfikowane i znane są z aktywności przeciwdrobnoustrojowej. Wszystkie izolaty były hodowane na podłożu SMMS ograniczającym azot. Jednakże, ze względu na ograniczenia czasowe, tylko *Streptomycetes* zostały wybrane do badań w kierunku produkcji metabolitów wtórnych. Szczepy *Streptomycetes* hodowano na płytkach SMMS przez pięć dni, a następnie prowadzono podhodowle na bulionie SMMS przez kolejne trzy dni, zgodnie z protokołem Borodiny i *wsp.* Następnie, komórki były zbierane przez odwirowanie i ponownie zawieszane w buforze, a następnie powtarzane trzykrotnie. Ma to na celu upewnienie się, że 90% komórek zostało zlizanych i uwolniło białko. Fluorek fenylometylosulfonylowy, który jest znany jako inhibitor proteazy serynowej, został dodany do buforu, aby zapobiec degradacji białka.

OZNACZENIA DEHYDROGENAZY GLUKOZO-6-FOSFORANOWEJ
Surowe lizaty poddano testowi aktywności G6PDH z użyciem dostarczonych substratów (G6P i NADP). Test przeprowadzono na płytce 96-dołkowej, umożliwiającej jednoczesną analizę dużej liczby próbek. Reakcja była monitorowana poprzez pomiar absorbancji przy długości fali 340 nm przez dwie minuty, a zredukowany kofaktor, NADPH był łatwo absorbowany przy tej długości fali.

23

Szybkości reakcji mierzone przy różnych substratach i stężeniach białek przedstawiono na rysunku 4.1. W celu uzyskania najlepszej krzywej aktywności dla danych warunków, przygotowano siedem próbek o różnych stężeniach surowych lizatów (100 μL, 50 μL, 25 μL, 12,5 μL, 6,25 μL, 3,125 μL i 1,5625 μL). Następnie wszystkie próbki poddano działaniu różnych stężeń substratów w celu wyselekcjonowania najlepszej aktywności enzymu. W tym badaniu wybrano osiem stężeń substratu, które testowano z różnymi stężeniami enzymu (2 μM, 5 μM, 10 μM, 20 μM, 30 μM, 40 μM, 50 μM i 60 μM). Wyniki pokazują, że szybkość reakcji różnych stężeń substratów wzrastała wraz ze wzrostem stężenia enzymu. Reakcja z 20 μM substratu charakteryzowała się najwyższą aktywnością enzymu. Natomiast najmniejszą aktywność enzymatyczną wykazano w reakcji z 50 μM substratu dla wszystkich badanych stężeń enzymu.

Rysunek 4.1 pokazuje, że przy wyższych stężeniach surowych lizatów, a konkretnie 100 μL, 50 μL i 25 μL, reakcja nie była stabilna, gdy poddawano ją działaniu niższych stężeń substratów (2 μM, 5 μM, 10 μM, 20 μM). Natomiast reakcje zaczęły się nasilać przy stężeniu substratów 30 μM do 60 μM. Warunki te były sprzeczne z reakcją wykazywaną przy niższych stężeniach surowych lizatów (12,5 μM, 6,25 μM, 3,125 μM i 1,5625 μM), gdzie reakcja nieznacznie wzrastała przy niższym stężeniu substratów, a malała w obecności wysokiego stężenia substratów. Widać więc, że wyższe stężenie enzymu i substratu powoduje wzrost aktywności, natomiast niższe stężenie enzymu przy wyższym stężeniu substratu powoduje obniżenie aktywności.

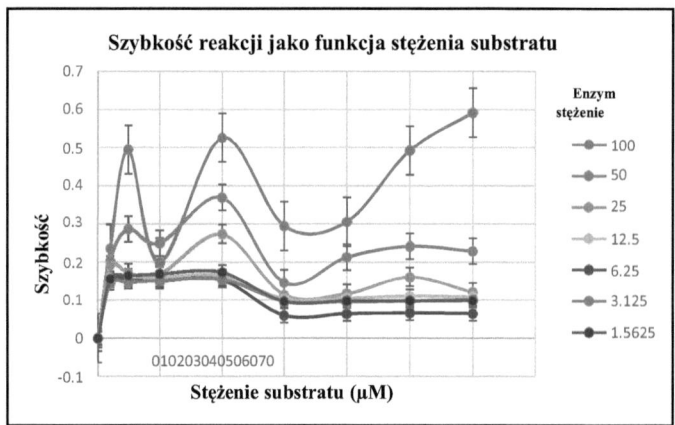

Szybkość reakcji jako funkcja stężenia substratu

Enzym stężenie
- 100
- 50
- 25
- 12.5
- 6.25
- 3.125
- 1.5625

Szybkość

Stężenie substratu (μM)

Rys. 4.1: Pomiar aktywności enzymów z surowych lizatów wytworzonych przy długości fali 340 nm z różnymi stężeniami substratów. Wszystkie odczyty zostały znormalizowane z kontrolą

Ogólnie rzecz biorąc, można stwierdzić, że aktywność enzymu jest najlepsza przy zwiększaniu stężenia enzymu i substratu. Jednakże, lepszy test można przeprowadzić przy użyciu oczyszczonego enzymu. Według Sharma i Chand, (2012), oczyszczone białka wykazują lepsze odczyty aktywności w porównaniu do surowych enzymów. Może to być spowodowane zanieczyszczeniami białkowymi obecnymi w reakcji, które mogą zakłócać odczyty absorbancji.

Według Bisswangera (2014), istnieje kilka czynników, które mogą wpływać na wynik oznaczenia, innych niż pH, temperatura i siła jonowa. Na przykład rzeczywiste stężenia wszystkich składników oznaczenia. Może to przyczynić się do odchyleń od warunków optymalnych dla danego białka, co powoduje obniżenie aktywności. Na przykład, reakcje enzymatyczne zależne od ATP wymagają Mg2+ jako niezbędnych jonów przeciwnych. Jeżeli dodamy tylko ATP bez Mg2+ nawet w wystarczającym stężeniu, mieszanina do analizy stanie się ograniczająca, zwłaszcza jeżeli obecne są związki kompleksujące, takie jak fosforany nieorganiczne lub EDTA. W tym badaniu, to również może być uważane za czynnik przyczyniający się do wahań odczytów. Ta właściwość fizykochemiczna enzymów G6PDH wymaga dalszych badań w celu opracowania lepszych warunków oznaczania.

PODSUMOWANIE

Ta wstępna próba optymalizacji testu aktywności dehydrogenazy glukozo-6-fosforanowej była zachęcająca. Pomimo tego, że test aktywności dehydrogenazy glukozo-6-fosforanowej nie został w pełni zoptymalizowany, to i tak uzyskaliśmy pewną wiedzę, którą możemy wykorzystać w tym projekcie. Jedną z nich jest fakt, że enzym ten jest enzymem allosterycznym, który nie podlega kinetyce Michealisa-Mentena ze względu na obecność wielu miejsc wiążących. Uważa się, że przy poprawieniu pewnych czynników, takich jak użycie czystszych enzymów, badania mogłyby przynieść bardziej obiecujące wyniki. Ponadto, białko to ma większy potencjał do produkcji metabolitów wtórnych poprzez tworzenie NADPH, ponieważ G6PDH jest powszechnie uważana za producenta NADPH poprzez szlak fosforanu pentozowego (PPP). Niemniej jednak, intensywne badania nad fizycznymi i fizykochemicznymi właściwościami G6PDH powinny być prowadzone w celu lepszego zrozumienia całej reakcji enzymatycznej.

REFERENCJE

Barka, E. A., Vatsa, P., Sanchez, L., Gaveau-Vaillant, N., Jacquard, C., Klenk, H. P., ... & van Wezel, G.
P. (2016). Taxonomy, physiology, and natural products of Actinobacteria. *Microbiology and Molecular Biology Reviews*, *80*(1), 1-43.

Berdy, J. (2005). Bioaktywne metabolity mikroorganizmów. *Journal of Antibiotics*,*58*(1), 1. Bisswanger, H. (2014). Oznaczenia enzymów. *Perspektywy w nauce*, *1*(1), 41-55.

Borodina, I., Siebring, J., Zhang, J., Smith, C. P., van Keulen, G., Dijkhuizen, L., & Nielsen, J. (2008). Antibiotic overproduction in Streptomyces coelicolor A3 (2) mediated by phosphofructokinase deletion. *Journal of Biological Chemistry*, *283*(37), 25186-25199.

Brockman, I. M., Prather, K. L. J., & Gupta, A. (2017). Dynamic Knockdown of Central Metabolism for Redirecting Glucose-6-Phosphate Fluxes. *U.S. Patent No. 20,170,130,210*. Washington, DC: U.S. Patent and Trademark Office (Urząd Patentów i Znaków Towarowych USA).

Butler, M. J., Bruheim, P., Jovetic, S., Marinelli, F., Postma, P. W., & Bibb, M. J. (2002). Engineering of primary carbon metabolism for improved antibiotic production in Streptomyces lividans. *Applied and environmental microbiology*, *68*(10), 4731-4739.

Craney, A., Ahmed, S., & Nodwell, J. (2013). Towards a new science of secondary metabolism. *The Journal of antibiotics*, *66*(7), 387-400.

Chaudhary, H. S., Soni, B., Shrivastava, A. R., & Shrivastava, S. (2013). Diversity and Versatility of Actinomycetes and its Role in Antibiotic Production. *Journal of Applied Pharmaceutical Science*, *3*(8), 83-94.

Chakraburtty, R., White, J., Takano, F., & Bibb, M. (1996). Cloning, characterization and disruption of a (p)ppGpp synthetase gene (relA) of Streptomyces coelicolor A3 (2). *Molecular microbiology*, *19*(2), 357-368.

Chakraburtty, R., & Bibb, M. (1997). The ppGpp synthetase gene (relA) of Streptomyces coelicolor A3 (2) plays a conditional role in antibiotic production and morphological differentiation. *Journal of Bacteriology*, *179*(18), 5854-5861.

Cheng, J. S., Liang, Y. Q., Ding, M. Z., Cui, S. F., Lv, X. M., & Yuan, Y. J. (2013). Metabolic analysis reveals the amino acid responses of Streptomyces lydicus to pitching ratios during improving streptolydigin production. *Applied microbiology and biotechnology*, *97*(13), 5943-5954.

Das, S., Lyla, P. S., & Khan, S. A. (2008). Distribution and generic composition of culturable marine actinomycetes from the sediments of Indian continental slope of Bay of Bengal. *Chinese Journal of Oceanology and Limnology*, *26*(2), 166-177.

Doelle, H. W. (2014). Oddychanie tlenowe. *Bacterial metabolism* (pp. 364). Academic Press.

Dyson, P. (2011). *Streptomyces: biologia molekularna i biotechnologia*. Horizon Scientific Press.

Ethiraj, T., Revathi, R., Thenmozhi, P., Saravanan, V. S., & Ganesan, V. (2011). Highperformance liquid chromatographic method development for simultaneous analysis of doxofylline and montelukast sodium in a combined form. *Pharmaceutical methods*, *2*(4), 223-228.

Fan, Y., Hu, F., Wei, L., Bai, L., & Hua, Q. (2016). Effects of modulation of pentose-phosphate pathway on biosynthesis of ansamitocins in Actinosynnema pretiosum. *Journal of biotechnology*, *230*, 3-10.

Goodfellow, M., & Williams, S. T. (1983). Ecology of actinomycetes. *Annual Reviews in Mikrobiologia*, *37*(1), 189-216.

Gunarson, N., Eliasson, A., & Nielsen, J. (2004). Control of fluxes towards antiobiotics and the role of primary metabolism in production of antiobiotics. *Advance Biochemica. Engineering Biotechnology.* , *88,* 137-178.

Higginbotham, S. J., & Murphy, C. D. (2010). Identification and characterisation of aStreptomyces sp. isolate exhibiting activity against methicillin-resistant Staphylococcus aureus. *Microbiological Research*,*165*(1), 82-86.

Hobbs, G., Frazer, C. M., Gardner, D. C., Flett, F., & Oliver, S. G. (1990). Pigmentowana produkcja antybiotyków przez Streptomyces coelicolor A3 (2): kinetyka i wpływ składników odżywczych. *Journal of General Microbiology*, *136*(11), 2291-2296.

Kämpfer, P. (2015). Streptomyces. *Bergey's Manual of Systematics of Archaea and Bacteria*, 1-414.

Kun, L. Y. (2003). Screening for antimicrobial products. *Biotechnologia mikroorganizmów: zasady i zastosowania*. (pp. 13). World Scientific.

Lessie, T. G., & Vander Wyk, J. C. (1972). Multiple forms of Pseudomonas multivorans glucose-6-phosphate and 6-phosphogluconate dehydrogenases: differences in size, pyridine nucleotide specificity, and susceptibility to inhibition by adenosine 5'-triphosphate. *Journal of bacteriology*, 110(3), 1107-1117.

Lo, C. W., Lai, N. S., Cheah, H. Y., Wong, N. K. I., & Ho, C. C. (2002). Actinomycetes isolated from soil samples from the Crocker Range Sabah. *ASEAN Review on Biodiversity and Environmental Conservation*.

Luti, K. J. K., & Yonis, R. W. (2014). An induction of Undecylprodigiosin Production from Streptomyces coelicolor by Elicitation with Microbial Cells Using Solid State Fermentation. *Iraqi Journal of Science,* 55(4A), 1553-1562.

Madigan, M. T., Martinko, J. M., Dunlap, P. V., & Clark, D. P. (2008). Brock Biologia mikroorganizmów 12 wydanie. *International Microbiology*, *11*, 65-73.

Mak, S., Xu, Y., & Nodwell, J. R. (2014). The expression of antibiotic resistance genes in antibiotic-producing bacteria. *Molecular microbiology*, *93*(3), 391-. 402.

Rudd, B. A., & Hopwood, D. A . (1980). A pigmented mycelial antibiotic in Streptomyces coelicolor: control by a chromosomal gene cluster. *Microbiology*, *119*(2), 333-340.

Sharma, P. K., & Chand, D. (2012). Purification and Characterization of Thermostable Cellulase Free Xylanase from Pseudomonas sp. XPB-6.

Solanki, R., Khanna, M., & Lal, R. (2008). Bioactive compounds from marine actinomycetes. *Indian journal of microbiology*, *48*(4), 410-431.

Ventura, M., Canchaya, C., Tauch, A., Chandra, G., Fitzgerald, G. F., Chater, K. F., & Sinderen, D. (2007). Genomics of Actinobacteria: tracing the evolutionary history of an ancient phylum. *Microbiology and Molecular Biology Reviews*, *71*(3), 495-548.

Weber, T., Charusanti, P., Musiol-Kroll, E. M., Jiang, X., Tong, Y., Kim, H. U., & Lee, S. Y. (2015). Metabolic engineering of antibiotic factories: new tools for antibiotic production in actinomycetes. *Trends in biotechnology*, *33*(1), 15-26.

Wentzel, A., Bruheim, P., Øverby, A., Jakobsen, Ø. M., Sletta, H., Omara, W. A. & Ellingsen, T. E. (2012). Optimized submerged batch fermentation strategy for systems scale studies of metabolic switching in Streptomyces coelicolor A3 (2). *BMC systems biology*, *6*(1), 59.

Zhu, H., Sandiford, S. K., & van Wezel, G. P. (2014). Triggers and cues that activate antibiotic production by actinomycetes. *Journal of industrial microbiology & biotechnology, 41*(2),371-386.

Hodowla a podejście "omics" do bioposzukiwania mikroorganizmów w XXI wieku: Środowisko przybrzeżne w Malezji

Suhaila Mohd Omar [1*]

[1]*Wydział* Biotechnologii, Kulliyaah *of Science, Międzynarodowy Uniwersytet Islamski w Malezji*
Autor korespondencyjny: osuhaila@iium.edu.my

ABSTRACT
Środowisko przybrzeżne jest siedliskiem różnorodnych, ważnych funkcjonalnie mikroorganizmów morskich. Wśród cennych cech mikroorganizmów dla badań bioposzukiwawczych należy wymienić tolerancję na szybkie i powtarzające się wahania temperatury, nasłonecznienia, zasolenia, działania fal, promieniowania ultrafioletowego i okresy suszy. Z drugiej strony, mikroorganizmy prowadzące epifityczny, epibiotyczny i symbiotyczny tryb życia wytwarzają specyficzne toksyny, cząsteczki sygnalizacyjne i inne metabolity wtórne dzięki mechanizmom obronnym i sygnalizacyjnym. Tradycyjne i innowacyjne metody hodowli są nadal istotne w badaniach bioposzukiwawczych, podczas gdy podejście "omics" oferuje szeroką bramę do różnorodności mikroorganizmów i ich funkcji. W związku z tym, niniejszy przegląd skupia się na wyzwaniach, strategiach i sukcesie badań bioposzukiwawczych mikroorganizmów w kontekście środowiska przybrzeżnego Malezji poprzez hodowlę i podejście "omics".

Słowa kluczowe: Omics; mikroby; symbiont; hodowla mikroorganizmów

WPROWADZENIE
Linia brzegowa Malezji o łącznej długości 4800 km obejmuje dwie wyraźnie różne formacje fizyczne, w tym namorzynowe płaty błotne i piaszczyste plaże, które są siedliskiem odrębnej, unikalnej i spektakularnej bioróżnorodności ((MYBIS, 2015). Proste formacje piaszczyste przeważają na północno-wschodnim wybrzeżu Półwyspu Malajskiego, podczas gdy południe obejmuje serię zatok o kształcie haka lub spirali. Tymczasem zachodnie wybrzeże Półwyspu ma ograniczone obszary kieszonkowych piaszczystych plaż i w większości składa się z formacji błotnistych. Linia brzegowa w Sarawak i Sabah składa się prawie równo podzielone piaszczyste plaże i wybrzeża błota (Abdullah, 1993). Najwcześniejszy raport na temat różnorodności morskiej z 1849 roku obejmuje katalog różnorodności ryb (Cantor, 1849). W porównaniu z rybami, gadami, ssakami, bezkręgowcami, ogórkiem morskim (Holothuroid) i trawami morskimi, szczegółowe informacje na temat innych organizmów morskich, zwłaszcza mikroorganizmów, są nadal niewystarczające (Mazlan et al., 2005). Co więcej, znany Trójkąt Koralowy, który obejmuje rafy Indonezji, Filipin i Malezji, stanowi 76% wszystkich znanych gatunków koralowców i gości 37% wszystkich znanych gatunków ryb raf koralowych na świecie (Burke, 2011). Wyjątkowa bioróżnorodność siedlisk morskich stwarza cenne możliwości dla bioposzukiwania. Niniejszy przegląd przedstawia różnorodność biologiczną drobnoustrojów morskich na wybrzeżu Malezji oraz badania bioposzukiwawcze z wykorzystaniem hodowli i podejścia "omics".

Środowisko przybrzeżne jako siedlisko ważnych funkcjonalnie mikroorganizmów morskich
Bioprospecting jest ukierunkowanym i systematycznym poszukiwaniem składników, związków bioaktywnych lub genów w organizmach żywych. Może to obejmować wszystkie rodzaje organizmów; mikroorganizmy, takie jak bakterie, grzyby i wirusy oraz większe organizmy, takie jak rośliny morskie, skorupiaki i ryby (Ministry of Fisheries and Coastal Affairs, 2009; Mossop, 2015). Środowisko morskie obejmuje ponad 70% powierzchni Ziemi i zawiera 97,5% wody na naszej planecie. Mikroorganizmy stanowią większość bogatego i zróżnicowanego życia siedliska morskiego. Wśród

czynników środowiskowych, które odróżniają skład morskiej społeczności mikrobiologicznej od środowiska lądowego jest zasolenie (Vogel et al., 2020). Złożone przybrzeżne zbiorowiska mikroorganizmów odgrywają również ważną rolę w regulacji cykli biogeochemicznych na styku lądu i morza, obejmują więc wszystkie domeny życia i tworzą sieć łączącą kolumnę wody i osad (Fuhrman i in., 2015; Moulton i in., 2016). Mikroorganizmy ze stref międzypływowych muszą być zdolne do przetrwania w ekstremalnych warunkach, takich jak szybkie i powtarzające się wahania temperatury, nasłonecznienia, zasolenia, działania fal, promieniowania ultrafioletowego oraz okresy suszy (McKew i in., 2011).

Z biotechnologicznego punktu widzenia, grupa mikroorganizmów prowadzących epifityczny, epibiotyczny i symbiotyczny tryb życia jest również nieporównywalnym zbiornikiem ze względu na ich specyficzne strategie konkurencji i obrony charakterystyczne dla mikroorganizmów związanych z powierzchnią, takie jak produkcja toksyn, cząsteczek sygnalizacyjnych i innych metabolitów wtórnych (Gonzalez i in., 2016). Gąbki i koralowce są przykładami siedlisk, w których symbiotyczne związki mikroorganizmów można znaleźć w gąbkach i koralowcach, a także z bezkręgowcami morskimi (Amelia i in., 2020; Hanani i in., 2015). Produktem końcowym działań bioposzukiwawczych może być oczyszczona cząsteczka, która jest wytwarzana biologicznie lub syntetycznie, albo cały organizm. Mimo że bioprospekcja morska nie jest przemysłem w tradycyjnym rozumieniu, to interesującą siłą napędową jest potencjał pozyskiwania nowych związków do wykorzystania w wielu różnych gałęziach przemysłu. Na przestrzeni lat opracowano nowe i bardziej złożone podejścia do badania bioróżnorodności morskich mikroorganizmów i ich potencjału biotechnologicznego.

Metody badania bioróżnorodności mikroorganizmów morskich i ich potencjalne zastosowanie:
Podejście hodowlane Niska zdolność do hodowli mikrobów morskich jest dobrze znana i określana jako "anomalia wielkiej liczby płytek" (Staley & Konopka, 1 9 8 5) ze względu na różnicę między liczbą kolonii, k t ó r e rozwinęły się na pożywce laboratoryjnej, a całkowitą liczbą bakterii, które można było policzyć za pomocą mikroskopii epifluorescencyjnej próbek wtóbrwiydDAH Potencjał metaboliczny mikrobów w laboratorium lub funkcjonowanie ekosystemu może być potwierdzone jedynie poprzez badania organizmów hodowlanych (Prakash i in., 2013). Dlatego też, izolacja, charakterystyka i zachowanie nowych mikrobów są niezbędne dla przyszłego rozwoju bioposzukiwania w środowisku morskim. Tabela 1 ilustruje listę niektórych mikroorganizmów hodowanych w ciągu ostatnich 20 lat w różnych środowiskach przybrzeżnych Malezji oraz ich potencjalne zastosowanie. W kolekcji hodowli dominują *Alphaproteobacteria* i *Gammaproteobacteria*. Niektórzy badacze stosują połowę składu agaru morskiego w celu zwiększenia możliwości izolacji nowych szczepów (Kuek et al., 2016). Różnorodność formuły podłoża użytego do hodowli (Law i in., 2019), jak również wstępna obróbka cieplna na mokro i sucho również zwiększają odzysk nowatorskich Actinomycetes (Abdul Malek i in., 2015). Bakterie należące do rodzaju *Streptomyces* zostały uznane za producentów wielu bioaktywnych związków, co czyni je ważnymi mikroorganizmami dla metabolitów wtórnych o potencjalnej roli przeciwnowotworowej, przeciwbakteryjnej ze względu na ich właściwości cytotoksyczne (Law i in., 2019). Potencjalne zastosowanie izolatów rozciąga się od odkrywania enzymów (Cheng et al., 2020; Dinesh et al., 2017; Naresh et al., 2019; Omar et al., 2017; Yasin, 2018), bioremediacji (Hanani et al., 2015; Kuek et al., 2016), antybakteryjnych i przeciwgrzybiczych (Zainal Abidin et al., 2016). Powszechność występowania bakterii opornych na antybiotyki i ich duży wpływ na zdrowie człowieka wymuszają potrzebę poszukiwania nowych produktów naturalnych, które mogłyby zaradzić temu problemowi, szczególnie w środowisku morskim (Jalal i in., 2012). Większość izolatów została odzyskana w wyniku modyfikacji standardowej techniki posiewu na płytki, która pozwala na odzyskanie bardzo niewielkiego odsetka, 0.001-1% całej populacji (Staley & Konopka, 1985). Hodowla, a następnie wysokowydajne badania przesiewowe pod kątem określonych funkcji to kolejna strategia dla badaczy dysponujących zaawansowanymi urządzeniami w celu zwiększenia liczby pozytywnych trafień (Law et al., 2019).

Tabela 1: Wybrane bioprospekcje mikroorganizmów poprzez uprawę w środowisku przybrzeżnym Malezji (2000-2020)

Nie.	Miejsce pobierania próbek	Szczepy mikroorganizmów	Potencjalne zastosowanie	Ref
1	Morski zasoby morskie (krab podkowiasty z Sabah, meduza z Sarawak, mięczaki i osady morskie z	*Bacillus, Chryseomicrobium, Photobacterium, Pseudoalteromonas, Ruegeria, Shewanella,*	Enzym: amylaza, lipaza i proteaza	(Cheng et al., 2020)
	Kelantanand woda morska z Terengganu)	*Solibacillus, Tenacibaculum i Vibrio.*		
2	Namorzy las gleba, ny Lumpur, Tanjung Pahang	*Verrucosispora* sp. K2-04	Enzym: ksylanaza	(Omar et al., 2017)
3	Estuarine Osady namorzynowe w Matang Las namorzynowy	*Mangrovimonas xylaniphaga sp.* nov.	Enzym: ksylanaza	(Dinesh et al., 2017)
4	Mangrow korzenie ce zebrane wTanjung Piai, Johor	*Exiguobacterium* sp. CN10	Enzym dla degradacja biomasy lignocelulozowej	(Yasim, 2018)
5	Gleba namorzynowa z północnych stanów Malezji (Perlis, Kedah, Pulau Pinang i Perak).	*Bacillus subtilis* KB01; *Anoxybacillus* sp. UniMAP-KB02, KB03, KB04 KB05, KB06; *Paenibacillus dendritiformis* UniMAP-KB01	Celulaza termofilna	(Naresh et al., 2019)
6	Morze Południowochińskie oraz wzdłuż linii brzegowej Półwyspu Malajskiego i Borneo	*Alphaproteobacteria: Caulobacteraceae, Phyllobacteriaceae, Rhodobacteraceae oraz Rhodospirillaceae,* *Betaproteobacteria: Alcaligenes sp.* *Gammaproteobacteria: Aeromonadaceae, Pseudoalteromonadaceae, Shewanellaceae, Pseudomonadaceae i Vibronaceae*	Bioremediacja, wiązanie azotu, oraz redukcja siarczanów	(Kuek et al., 2016)

7	Plaża Pulau Kapas i Pantai Batu Burok, Terengganu.	NA	Aktywność antybakteryjna	(Mazalan et al., 2012)
8	Mangrovesoil w Kuching, Sarawak	*Streptomyces* sp.	Potencjał bioaktywny w odniesieniu do aktywności antyoksydacyjnej i cytotoksycznej	(Law et al., 2019)
9	Namorzy las gleba, ny Lumpur, Tanjung Pahang	*Streptomycesmangrovisoli* sp. nov	Przeciwutleniacz zidentyfikowany jako Pyrrolo [1,2-a]pirazyno-1,4-dion, heksahydro	(Ser et al., 2015)
10	Gleba w lesie namorzynowym, Tanjung Lumpur, Pahang	*izolaty podobne do Streptomyces* i *izolaty podobne do Micromonospora*	Przeciwbakteryjne i przeciwgrzybiczny	(Zainal Abidin et al., 2016)
11	Morski gąbka morska (*Gelliodes* sp.) zebrana z obszaru przybrzeżnego Kuantan	*Bacillus* sp.	Bioremediacja - kwas haloalkanowy (kwas 3-chloropropionowy (3CP)) (kw as 3-chloropropionowy (3CP)) - aktywność degradująca	(Hanani et al., 2015)
12	Osad morski z wyspy Songsong, Kedah, Malezja.	18 izolatów *Streptomyces*	Środki przeciwzakaźne	(Fatin et al., 2017)

Podejście omiczne i meta omiczne

Innowacyjne przełomy w sekwencjonowaniu genomów, bioinformatyce i narzędziach analitycznych, takich jak chromatografia cieczowa i gazowa oraz spektrometria mas, wraz z technologiami o wysokiej wydajności, przyczyniły się do postępu w technologiach "omicznych" (genomika, transkryptomika, proteomika i metabolomika). W porównaniu do genomiki, która bada konkretne izolaty, metagenomika jest techniką, która obejmuje sekwencjonowanie DNA z genomów wszystkich organizmów obecnych w danej próbce i stała się powszechną metodą badania struktury i funkcji populacji mikrobiomu. Dzięki takiemu podejściu można określić geny i szlaki z całego mikrobiomu. Metody metagenomiczne mogą być sklasyfikowane w oparciu o sekwencjonowanie metagenomów i analizę bioinformatyczną lub ekspresję funkcjonalną bibliotek metagenomicznych w celu identyfikacji genów lub klastrów genów będących przedmiotem zainteresowania. Ponieważ nie ma potrzeby izolowania lub hodowania mikroorganizmów, bezpośrednio wyekstrahowane DNA dostarcza informacji na temat zdolności metabolicznych i funkcjonalnych specyficznej uprawnej i nieuprawnej społeczności mikrobiologicznej (Simon & Daniel, 2011). Metagenomika idzie w parze z sekwencjonowaniem następnej generacji i wysokowydajnymi superkomputerami, umożliwiając w ten sposób szeroki dostęp do różnorodności i funkcji mikroorganizmów (Knight i in., 2012). Z drugiej strony, metatranskryptomika pomaga wyjaśnić, które szlaki metaboliczne i geny ulegają ekspresji w danym miejscu w danym czasie. Zarówno biblioteki genomowego DNA, jak i całkowitego RNA mogą być przygotowywane i sekwencjonowane równolegle, przy zachowaniu odpowiedniego postępowania z próbkami i protokołu ekstrakcji kwasów nukleinowych (Mason i in., 2012). Kolejne dwa podejścia, metaproteomika to kwantyfikacja poziomów białek lub peptydów, natomiast metabolomika związana jest z badaniem metabolitów małocząsteczkowych. Spośród tych czterech metod, genomika i metagenomika są najbardziej popularnymi metodami wykorzystywanymi do badania mikrobiomu przybrzeżnego w Malezji. W chwili pisania tego tekstu nie znaleziono żadnego raportu dotyczącego badań opartych na metaproteomice lub metabolomice.

Podejście genomiczne
Tabela 2 przedstawia przykłady udanego zastosowania genomiki w odniesieniu do kilku izolatów bakteryjnych w celu określenia klastrów genów enzymów i metabolitów wtórnych. Badania genomiczne szczepu *Catenovulum-like* CCB-QB4 i *Aureispira* sp. CCB-QB1 ze środowiska przybrzeżnego Penang uwypukliły odpowiednio biosyntezę kwasu arachidonowego (Lau i in., 2019a) oraz szlaki biosyntezy wielonienasyconych kwasów tłuszczowych i diterpenoidów (Furusawa i in., 2015). Kolejne dwa szczepy z Hulu Selangor, *Vibrio variabilis* strain T01 (Mohamad i in., 2016) i *Vibrio sinaloensis* T47 (Mohamad i in., 2017) ujawniają właściwości quorum sensing. Natomiast u *Streptomyces* sp. MUSC 125 i *Yangia* sp. szczep CCB-MM3 ze środowiska namorzynów potwierdzono obecność szlaku i genów związanych odpowiednio z produkcją antyoksydantów (Ser i in., 2016) i kopolimerów polihydroksyalkanianowych (Lau i in., 2017). Eksploracja danych sekwencji genomowych dla sześciu bakterii należących do rodzaju *Novosphingobium* z bazy danych National Center for Bioinformatic Information (NCBI) również dostarcza przydatnych spostrzeżeń w kierunku genów związanych z adaptacją morską, sygnalizacją komórkowo-komórkową i bioremediacją (Gan i in., 2013).

Tabela 2: Wybrane bioprospekcje mikroorganizmów poprzez podejście genomiczne w środowisku przybrzeżnym Malezji (2000-2020)

Nie	Miejsce pobieran ia próbek	Szczep bakterii	Potencjalne zastosowanie	Ref.
1.	Obszar przybrzeżny Penang	Szczep *podobny do Catenovulum* CCB-QB4	Agaraza	(Lauet al., 2019b)
2.	Obszar przybrzeżny Penang	*Aureispira* sp. CCB-QB1	Desaturaza linoleoilo-CoA, kluczowy gen w biosyntezie kwasu arachidonowego.	(Furusawa et al., 2015)
3.	Wody przybrzeżne w Hulu Selangor	*Vibrio variabilis* szczep T01	Wykrywanie kworum	(Mohamad et al., 2016)
4.	Plaża Morib, Hulu Selangor.	*Vibrio sinaloensis* T47	Wykrywanie kworum	(Mohamad et al., 2017)
5.	Gleba namorzynowa na wschodnim wybrzeżu Półwyspu Malajskiego	*Streptomyces* sp. MUSC 125	Właściwości przeciwutleniające	(Seret al., 2016)
6.	Osady glebowe w ujściowym rezerwacie lasów namorzynowych Matang	*Yangia* sp. szczep CCB-MM3	Ścieżka produkcji propionyl-CoA i klaster genów do produkcji PHA	(Lauet al., 2017)
7.	Baza danych NCBI	sześć bakterii należących do rodzaju *Novosphingobium*	Morska adaptacja, sygnalizacja komórka-komórka i bioremediacja	(Ganet al., 2013)

Podejście metagenomiczne

Możliwość profilowania różnorodnych społeczności mikrobiologicznych przy użyciu sekwencjonowania następnej generacji (NGS) zwiększyła zainteresowanie badaniami mikrobiomu. Dzięki tej bezhodowlanej i wysokowydajnej technologii możliwe jest zidentyfikowanie i porównanie całych społeczności mikrobiologicznych, znane również jako metagenomika. Metagenomika zazwyczaj obejmuje dwie strategie sekwencjonowania: sekwencjonowanie amplikonowe, najczęściej genu 16S rRNA jako markera filogenetycznego, lub sekwencjonowanie typu shotgun, które wychwytuje cały zakres DNA w próbce (Morgan & Huttenhower, 2012).

Istnieje niewiele doniesień na temat badań mikrobiomu wybrzeża Malezji z zastosowaniem podejścia "omics". Jak pokazano w Tabeli 3, większość badań ograniczała się do bioinformatycznej analizy danych sekwencjonowania amplikonowego 16S rRNA i metagenomicznego sekwencjonowania typu shotgun. Obie te strategie sekwencjonowania mają swoje zalety i zastosowanie. Wykorzystanie genu 16S rybosomalnego RNA jako markera filogenetycznego okazało się efektywną i opłacalną strategią

33

analizy mikrobiomu, a nawet pozwala na przewidywanie zawartości funkcjonalnej na podstawie liczebności taksonów. Alternatywnie, naukowcy mogą zastosować bezpośrednie podejście eksperymentalne w celu odkrycia nowej funkcji biochemicznej nieznanego białka poprzez badanie oczyszczonych białek lub metagenomicznych bibliotek genów, które wykorzystują *E. coli* (Lee i in., 2015) lub faga lambda jako gospodarza klonowania (Popovic i in., 2017). Na przykład, obfitość bakterii degradujących siarkę w bentosowej społeczności bakteryjnej płytkich osadów morskich u wybrzeży Terengganu na Morzu Południowochińskim została wykryta dzięki tej strategii. Analiza fizyczno-geochemiczna wykazała, że badane obszary zawierały siarkę, olej, smar, benzynę, olej napędowy oraz

oleju mineralnego, co sugeruje wpływ warunków środowiskowych na występowanie wzrostu społeczności bakterii degradujących siarkę w północno-wschodniej części badanego obszaru (Marziah i in., 2016). Istnieje jednak problem podatności tego protokołu na błędy związane z przygotowaniem próbki i sekwencjonowaniem. Ponadto, sekwencjonowanie amplikonowe genu 16S rRNA jest zazwyczaj ograniczone do klasyfikacji taksonomicznej na poziomie rodzaju w zależności od użytej bazy danych i klasyfikatorów i dostarcza jedynie ograniczonych informacji funkcjonalnych (Morgan & Huttenhower, 2012). Z drugiej strony, metagenomika shotgun oferuje zarówno badania filogenetyczne, jak i funkcjonalny skład genowy społeczności mikrobiologicznych (Thomas et al., 2012). W metagenomie Matang Mangrove Forest w Strefie Produktywnej, społeczność mikrobiologiczna była nadmiernie bogata w geny związane z metabolizmem węglowodanów, zwłaszcza enzymów zaangażowanych w degradację i wykorzystanie polisacharydów pochodzących z roślinnych ścian komórkowych. Analiza funkcjonalna skupiająca się na enzymach degradujących węglowodany ujawniła szereg enzymów zaangażowanych w enzymy utylizujące hemicelulozę, celulozę i pektyny (Priya i in., 2018). Wadą metagenomiki shotgun, która ograniczyła jej szersze zastosowanie, są stosunkowo wysokie koszty i bardziej wymagające wymagania bioinformatyczne (Morgan & Huttenhower, 2012; Rausch et al., 2019).

Metagenomika oparta na sekwencjach, poza tym, że opiera się na wcześniejszej znajomości sekwencji, pozwala na identyfikację ogromnej liczby genów kodujących przypuszczalne funkcje bez gwarancji, że geny te ulegną ekspresji w heterologicznym gospodarzu. Z drugiej strony, nawet jeśli przesiewowe badania funkcjonalne bibliotek metagenomiki mogą przynieść nowe odkrycia, to stosunkowo wysoki koszt importowanych zestawów molekularnych i wektorów klonujących, pracochłonność i potencjalnie niska liczba trafień w procesie przesiewowym (Kennedy i in., 2008) mogą być powodem, że podejście to nie jest wystarczająco atrakcyjne dla lokalnych badaczy.

Tabela 3: Wybrane badania metagenomiki w Malezji (2000-2020)

Nie	Miejsce pobierania próbek	Podejście do sekwencjonowania/ Platforma	Ref.
1.	Wzdłuż wybrzeża Borneo, Malezji i Filipin	Sekwencjonowanie metagenomiczne typu shotgun/Illumina HiSeq2000	(Song et al., 2017)
2.	Powierzchniowa woda morska wybrzeża Georgetown	Shotgun sekwencjon owanie/ (Miseq) Ilumina	(Arumugamet al., 2013)
3.	Woda morska na powierzchni strefy litoralnej została pobrana z estuarium w Sabak Bernam i wioski rybackiej w Sekinchan, Selangor.	16srNA sekwencjono wanie amplikonu genu	(Chan & Chong, 2014)
4.	Osady u wybrzeży Terengganu na Morzu Południowochińskim	Sekwencjonowanie amplikonów 16s rRNA (Illumina) Miseq	(Marziah i in., 2016)
5.	Gleba dziewiczego lasu dżungli i zbieranej strefy produkcyjnej rezerwatu lasu mangrowego Matang	Metagenomika Shotgun/ Ilumina HiSeq2500	(Priya et al., 2018)
6.	Woda morska kontinuum Morza Południowochińskiego (rzeka Rajang i estuaria prowadzą do morza)	Sekwencjonowanie amplikonów 16s rRNA/ Illumina	(Sien Aun Sia et al., 2019)
7.	Gąbki (*Aaptos aaptos* i *Xestospongia muta*) z wysp Bidong i Redang.	Sekwencjonowanie amplikonów 16S rRNA/ Illumina HiSeq2500	(Amelia i in., 2020)

PODSUMOWANIE

Ważne jest, aby podkreślić, że sama sekwencja genu 16S rRNA prawdopodobnie nie jest wystarczająca do jednoznacznej identyfikacji każdego mikroba w środowisku. Jednakże, dane te mogą być wykorzystane do opracowania ukierunkowanych i ulepszonych podłoży i technik hodowlanych. Ponadto, opracowanie bardziej uniwersalnych wektorów, inżynieria szczepów gospodarzy oraz wysokowydajne, tanie funkcjonalne testy przesiewowe mogłyby poprawić niski wskaźnik trafień związany z metagenomiką funkcjonalną. Połączenie hodowli, sekwencjonowania i podejścia opartego na funkcjach, a następnie badań biochemicznych i farmaceutycznych może potencjalnie ujawnić różne składniki, związki bioaktywne lub geny z ogromnej większości nieuprawianych mikroorganizmów w środowisku.

REFERENCJE

Abdul Malek, N., Zainuddin, Zarina, Chowdhury, A.J.K, Zainal Abidin, Z (2015). Diversity and antimicrobial activity of mangrove soil actinomycetes isolated from Tanjung Lumpur, Kuantan. *Jurnal Teknologi, 77* (25). , 0 pp. 37-43. ISSN 0127-9696

Abdullah, S. (1993). *Coastal Developments in Malaysia-Scope, Issues and Challenges.* https://www.water.gov.my/jps/resources/auto%20download%20images/5844e2da4907f.pdf

Amelia, T. S. M., Lau, N.-S., Amirul, A.-A. A., & Bhubalan, K. (2020). Metagenomic data on bacterial diversity profiling of high-microbial-abundance tropical marine *sponges Aaptos aaptos* and *Xestospongia muta* from waters off Terengganu, South China Sea. *Data in Brief, 31,* 105971. https://doi.org/10.1016/j.dib.2020.105971

Arumugam, R., Chan, X.-Y., & Woh Choo, S. (2013). Metagenomic analysis of Microbial Diversity of TropicalSeaWaterofGeorgetownCoast   ,   Malaysia. https://www.researchgate.net/publication/287558965

Burke, L. (2011). *Reefs at risk revisited* (L. Burke, K. Reytar, M. Spalding, & A. Perry, Eds.). World Resources Institute.

Cantor, T. (1849). *Catalouge of Malayan Fishes.*

Chan, K.-G., & Chong, T.-M. (2014). Prevalence of Unclassified Bacteria in Tropical Coastal Waters of Malaysia Revealed by Metagenomic Approach. *Genome Announcements, 2*(3). https://doi.org/10.1128/genomeA.00419-14

Cheng, T. H., Ismail, N., Kamaruding, N., Saidin, J., & Danish-Daniel, M. (2020). Industrial enzymes-producing marine bacteria from marine resources. *Biotechnology Reports, 27,* e00482. https://doi.org/https://doi.org/10.1016/j.btre.2020.e00482

Dinesh, B., Furusawa, G., & Amirul, A. A. (2017). Mangrovimonas xylaniphaga sp. nov. isolated from estuarine mangrove sediment of Matang Mangrove Forest, Malaysia. *Archives of Microbiology, 199*(1), 63-67. https://doi.org/10.1007/s00203-016-1275-8

Fatin, S. N., Boon-Khai, T., Shu-Chien, A. C., Khairuddean, M., & Abdullah, A. A. (2017). A marine actinomycete rescues *Caenorhabditis elegans* from *Pseudomonas aeruginosa* infection through restitution of Lysozyme 7. *Frontiers in Microbiology, 8*(NOV). https://doi.org/10.3389/fmicb.2017.02267

Fuhrman, J. A., Cram, J. A., & Needham, D. M. (2015). Marine microbial community dynamics and their ecological interpretation. *Nature Reviews Microbiology, 13*(3), 133-146. https://doi.org/10.1038/nrmicro3417

Furusawa, G., Lau, N.-S., Shu-Chien, A. C., Jaya-Ram, A., & Amirul, A.-A. A. (2015). Identification of polyunsaturated fatty acid and diterpenoid biosynthesis pathways from draft genome of *Aureispira* sp. CCB-QB1. *MarineGenomics, 19,* 39-44. https://doi.org/https://doi.org/10.1016/j.margen.2014.10.006

Gan, H. M., Hudson, A. O., Rahman, A. Y. A., Chan, K. G., & Savka, M. A. (2013). Comparative genomic analysis of six bacteria belonging to the genus *Novosphingobium*: Insights into marine adaptation, cell- cell signaling and bioremediation. *BMC Genomics, 14*(1). https://doi.org/10.1186/1471-2164-14-431

Gonzalez NB, C., Toquica JS, R., Kleine L, L., & Castano D, M. (2016). Epiphytic Bacteria of Macroalgae of the Genus *Ulva* and their Potential in Producing Enzymes Having Biotechnological Interest. *Journal of Marine Biology & Oceanography, 5*(2). https://doi.org/10.4172/2324-8661.1000153

Hanani, N. S., Naim, A. M., Tengku Abdul Hamid, T. H., Huyop, F., & Abdul Hamid, A. A. (2015). Isolation and identification of 3- Chloropropionic acid degrading bacterium from marine sponge (Vol. 77). www.jurnalteknologi.utm.my

Jalal, K. C. A., Akbar, B. John., Kamaruzzaman, B. Y., & Kathiresan, K. (2012). *Emergence of Antibiotic Resistant Bacteria from Coastal Environment - A Review. in Antibiotic Resistant Bacteria-A Continuous Challenge in the New Millenium.* InTech.

Kennedy, J., Marchesi, J. R., & Dobson, A. D. (2008). Marine metagenomics: strategies for the discovery of novel enzymes with biotechnological applications from marine environments. *Microbial Cell Factories, 7*(1), 27. https://doi.org/10.1186/1475-2859-7-27

Knight, R., Jansson, J., Field, D., Fierer, N., Desai, N., Fuhrman, J. A., Hugenholtz, P., van der Lelie, D., Meyer, F., Stevens, R., Bailey, M. J., Gordon, J. I., Kowalchuk, G. A., & Gilbert, J. A. (2012).

Unlocking the potential of metagenomics through replicated experimental design. *Nature Biotechnology*, *30*(6), 513-520. https://doi.org/10.1038/nbt.2235

Kuek, F. W., Mujahid, A., Lim, P.-T., Leaw, C.-P., & Mueller, M. (2016). Diversity and DMS (P)-related genes in culturable bacterial communities in Malaysian coastal waters. *Sains Malaysiana*, *45*(6), 915- 931.

Lau, N.-S., Sam, K.-K., & Amirul, A. A.-A. (2017). Genome features of moderately halophilic polyhydroxyalkanoate-producing Yangia sp. CCB-MM3. *Standards in Genomic Sciences*, *12*(1), 12. https://doi.org/10.1186/s40793-017-0232-8

Lau, N.-S., Tan, W. R., Furusawa, G., & Amirul, A.-A. A. (2019a). Kompletna sekwencja genomu nowego agarolitycznego szczepu Catenovulum-like CCB-QB4. *Marine Genomics*, *43*, 50-53. https://doi.org/https://doi.org/10.1016/j.margen.2018.08.009

Lau, N.-S., Tan, W. R., Furusawa, G., & Amirul, A.-A. A. (2019b). Kompletna sekwencja genomu nowego agarolitycznego szczepu Catenovulum-like CCB-QB4. *Marine Genomics*, *43*, 50-53. https://doi.org/https://doi.org/10.1016/j.margen.2018.08.009

Law, J. W. F., Chan, K. G., He, Y. W., Khan, T. M., Ab Mutalib, N. S., Goh, B. H., & Lee, L. H. (2019). Diversity of *Streptomyces* spp. from mangrove forest of Sarawak (Malaysia) and screening of their antioxidant and cytotoxic activities. *Scientific Reports*, *9*(1). https://doi.org/10.1038/s41598-019-51622-x

Lee, D. H., Choi, S. L., Rha, E., Kim, S. J., Yeom, S. J., Moon, J. H., & Lee, S. G. (2015). A novel psychrofilna fosfataza alkaliczna z metagenomu osadów pływowych. BMC biotechnology, 15(1), 1. https://doi.org/10.1186/s12896-015-0115-2

Marziah, Z., Mahdzir, A., Musa, Md. N., Jaafar, A. B., Azhim, A., & Hara, H. (2016). Abundance of sulfur- degrading bacteria in a benthic bacterial community of shallow sea sediment in the off-Terengganu coast of the South China Sea. *MicrobiologyOpen*, *5*(6), 967-978. https://doi.org/10.1002/mbo3.380

Mason, O. U., Hazen, T. C., Borglin, S., Chain, P. S. G., Dubinsky, E. A., Fortney, J. L., Han, J., Holman, H.-Y. N., Hultman, J., Lamendella, R., Mackelprang, R., Malfatti, S., Tom, L. M., Tringe, S. G., Woyke, T., Zhou, J., Rubin, E. M., & Jansson, J. K. (2012). Metagenom, metatranskryptom i sekwencjonowanie jednokomórkowe ujawniają odpowiedź mikrobiologiczną na wyciek ropy z platformy wiertniczej Deepwater Horizon. *The ISME Journal*, *6*(9), 1715-1727. https://doi.org/10.1038/ismej.2012.59

Mazalan, N., Zain, M. M., & Hamzah, A. S. (2012). Antimicrobial activity of marine bacteria from Malaysian coastal area. *2012 IEEE Symposium on Humanities, Science and Engineering Research*, 1273-1277. https://doi.org/10.1109/SHUSER.2012.6268808

Mazlan, A. G., Zaidi, C. C., Wan-Lotfi, W. M., & Othman, H. R. (2005). On the current status of coastal marine biodiversity in Malaysia. In *Indian Journal of Marine Sciences* (Vol. 34, Issue 1).

McKew, B. A., Taylor, J. D., McGenity, T. J., & Underwood, G. J. C. (2011). Resistance and resilience of benthic biofilm communities from a temperate saltmarsh to desiccation and rewetting. *The ISME Journal*, *5*(1), 30-41. https://doi.org/10.1038/ismej.2010.91

Ministerstwo Rybołówstwa i Spraw Przybrzeżnych, (Norwegia). (2009). *Marine bioprospecting - a source of new and sustainable wealth growth*. https://www.regjeringen.no/en/dokumenter/marine-bioprospecting--a-a/id575822/   source-of-new-a/id575822/

Mohamad, N. I., Adrian, T. G. S., Tan, W. S., Muhamad Yunos, N. Y., Tan, P. W., Yin, W. F., & Chan, K.

G. (2016). *Vibrio variabilis* T01: A tropical marine bacterium exhibiting unique N-acyl homoserine lactoneproduction . *FrontiersinLifeScience*, *9*(1), 17-23. https://doi.org/10.1080/21553769.2015.1066716

Mohamad, N. I., How, K. Y., Yin, W.-F., & Chan, K.-G. (2017). Whole-genome Sequencing of *Vibrio sinaloensis* T47, a Tropical Marine Isolate with Quorum Sensing Properties. *Journal of Genomics*, *5*, 48-50. https://doi.org/10.7150/jgen.16163

Morgan, X. C., & Huttenhower, C. (2012). Rozdział 12: Analiza mikrobiomu człowieka. *PLoS Computational Biology*, *8*(12), e1002808. https://doi.org/10.1371/journal.pcbi.1002808

Mossop, J. (2015). *"Marine Bioprospecting" w The Oxford Handbook of the Law of the Sea* (D. Rothwell, A. O. Elferink, K. Scott, & Stephens Tim, Eds.). Oxford University Press.

Moulton, O. M., Altabet, M. A., Beman, J. M., Deegan, L. A., Lloret, J., Lyons, M. K., Nelson, J. A., & Pfister, C. A. (2016). Microbial associations with macrobiota in coastal ecosystems: patterns and implications for nitrogen cycling. *Frontiers in Ecology and the Environment*, *14*(4), 200-208. https://doi.org/10.1002/fee.1262

MYBIS, M. B. I. S. (2015). *Różnorodność biologiczna mórz i wybrzeży*. https://www.mybis.gov.my/art/6

Naresh, S., Kunasundari, B., Gunny, A. A. N., Teoh, Y. P., Shuit, S. H., Ng, Q. H., & Hoo, P. Y. (2019). Isolation and partial characterisation of thermophilic cellulolytic bacteria from north Malaysian tropical mangrove soil. *Tropical Life Sciences Research*, *30*(1), 123-147. https://doi.org/10.21315/tlsr2019.30.1.8

Omar, S. M., Farouk, N. M., Malek, N. A., & Abidin, Z. A. Z. (2017). *Verrucosispora* sp. K2-04, Potential Xylanase Producer from Kuantan Mangrove Forest Sediment. *International Journal of Food Engineering*. https://doi.org/10.18178/ijfe.3.2.165-168

Popovic, A., Hai, T., Tchigvintsev, A. et al. (2017). Activity screening of environmental metagenomic libraries reveals novel carboxylesterase families. Sci Rep 7, 44103

Prakash, O., Shouche, Y., Jangid, K., & Kostka, J. E. (2013). Hodowla mikroorganizmów i rola centrów zasobów mikroorganizmów w erze omics. *Applied Microbiology and Biotechnology*, *97*(1), 51-62. https://doi.org/10.1007/s00253-012-4533-y

Priya, G., Lau, N.-S., Furusawa, G., Dinesh, B., Foong, S. Y., & Amirul, A.-A. A. (2018). Metagenomic insights into the phylogenetic and functional profiles of soil microbiome from a managed mangrove in Malaysia. *Agri Gene*, *9*, 5-15. https://doi.org/10.1016/j.aggene.2018.07.001

Rausch, P., Rühlemann, M., Hermes, B. M., Doms, S., Dagan, T., Dierking, K., Domin, H., Fraune, S., von Frieling, J., Hentschel, U., Heinsen, F. A., Höppner, M., Jahn, M. T., Jaspers, C., Kissoyan, K. A. B., Langfeldt, D., Rehman, A., Reusch, T. B. H., Roeder, T., ... Baines, J. F. (2019). Analiza porównawcza metod sekwencjonowania amplikonowego i metagenomicznego ujawnia kluczowe cechy w ewolucji metaorganizmów zwierzęcych. *Microbiome*, *7*(1). https://doi.org/10.1186/s40168-019-0743-1

Ser, H. L., Palanisamy, U. D., Yin, W. F., Abd Malek, S. N., Chan, K. G., Goh, B. H., & Lee, L. H. (2015). Presence of antioxidative agent, Pyrrolo[1,2-a] pyrazine-1,4-dione, hexahydro- in newly isolated *Streptomyces mangrovisoli* sp. nov. *Frontiers in Microbiology*, *6*(AUG). https://doi.org/10.3389/fmicb.2015.00854

Ser, H. L., Tan, W. S., Ab Mutalib, N. S., Yin, W. F., Chan, K. G., Goh, B. H., & Lee, L. H. (2016). Szkic sekwencji genomu pochodzącej z namorzyn *Streptomyces* sp. MUSC 125 o potencjale antyoksydacyjnym. *Frontiers in Microbiology*, *7*(SEP). https://doi.org/10.3389/fmicb.2016.01470

Sien Aun Sia, E., Zhu, Z., Zhang, J., Cheah, W., Jiang, S., Holt Jang, F., Mujahid, A., Shiah, F. K., & Müller, M. (2019). Biogeograficzne rozmieszczenie zbiorowisk mikrobialnych wzdłuż rzeki Rajang iver-. South China Sea continuum. *Biogeosciences*, *16*(21), 4243-4260. https://doi.org/10.5194/bg-16-4243-2019

Simon, C., & Daniel, R. (2011). Analizy metagenomiczne: Past and Future Trends. *Applied and Environmental Microbiology*, *77*(4), 1153-1161. https://doi.org/10.1128/AEM.02345-10

Song, J., Mujahid, A., Lim, P.-T., Samah, A. A., Quack, B., Pfeilsticker, K., Tang, S.-L., Ivanova, E., & Müller, M. (2017). Shotgun metagenomic analysis of microbial communities in the surface waters of the Eastern South China Sea. *Malaysian Journal of Microbiology*, *13*(4), 350-362. http://metagenomics.anl.gov/

Staley, J. T., & Konopka, A. (1985). Measurement of in Situ Activities of Nonphotosynthetic Microorganisms in Aquatic and Terrestrial Habitats. *Annual Review of Microbiology*, *39*(1), 321-346. https://doi.org/10.1146/annurev.mi.39.100185.001541

Thomas, T., Gilbert, J., & Meyer, F. (2012). Metagenomika - przewodnik od pobierania próbek do analizy danych. *Microbial Informatics and Experimentation, 2*(1), 3.

Vogel, M. A., Mason, O. U., & Miller, T. E. (2020). Host and environmental determinants of microbial community structure in the marine phyllosphere. *PloS One, 15*(7), e0235441. https://doi.org/10.1371/journal.pone.0235441

Yasim, N. H. M. (2018). Izolacja, identyfikacja i charakterystyka bakterii lignocelulolitycznych z korzeni namorzynów.

Zainal Abidin, Z. A., Abdul Malek, N., Zainuddin, Z., & Chowdhury, A. J. K. (2016). Selective isolation and antagonistic activity of actinomycetes from mangrove forest of Pahang, Malaysia. *Frontiers in Life Science, 9*(1), 24-31. https://doi.org/10.1080/21553769.2015.1051244

Zintegrowana Akwakultura Wielotroficzna (IMTA) w ekosystemie przybrzeżnym: Status i perspektywy w Malezji

Najiah, M. [1*,] Lee, K.L. 1, Nadirah, M. [1,] Jalal, K.C.A. [2,] Laith, A.A. [1,] Habib, A. [1,] Sheikh, H.I. [1,] N.W. Rasdi1, Zainathan, S.C. [1,] Abu Hena, M.K. [1], Ruhil H.H. [3]

1Faculty of Fisheries and Food Science, Universiti Malaysia Terengganu (UMT), 21030 Kuala Nerus, Terengganu
2Kulliyyah of Science, International Islamic University Malaysia (IIUM), Jalan Sultan Ahmad Shah, Bandar Indera Mahkota, 25200 Kuantan, Pahang
3Department of Paraclinical, Faculty of Veterinary Medicine, Universiti Malaysia Kelantan (UMK), Pengkalan Chepa, 16100 Kota Bharu, Kelantan
Autor korespondencyjny: najiah@umt.edu.my

ABSTRACT
W skali globalnej ryby są ważnym źródłem niedrogiego białka zwierzęcego dla ludzi. W obliczu rosnącego popytu na owoce morza akwakultura odgrywa ważną rolę w uzupełnianiu braków w podaży spowodowanych stagnacją w rybołówstwie łowionym w celu zaspokojenia potrzeb rosnącej populacji. Morskie hodowle klatkowe w Malezji są ograniczone do osłoniętych wód przybrzeżnych z powodu ograniczeń wynikających z niskich nakładów technologicznych. Intensywna, jednotroficzna hodowla w klatkach coraz częściej staje w obliczu nagłej, masowej śmierci ryb z powodu zanieczyszczenia wybrzeża wynikającego z antropogenicznej działalności lądowej i samej hodowli w klatkach. Zintegrowana akwakultura wielotroficzna (IMTA) łączy hodowlę różnych gatunków troficznych w pobliżu siebie dla symbiotycznych i komplementarnych funkcji w celu wspierania odporności ekologicznej, harmonii i zrównoważonego rozwoju, jak również w celu zmniejszenia liczby chorób. Mimo że IMTA jest jeszcze w powijakach, ma duże szanse na biologiczne łagodzenie zanieczyszczeń wybrzeża, odbudowę i ochronę wrażliwych ekosystemów przybrzeżnych w Malezji. Nie ma jednego uniwersalnego systemu IMTA. Optymalna kombinacja gatunków musi być określona empirycznie w oparciu o lokalne scenariusze ekonomiczne i ekologiczne.

Słowa kluczowe: Morska kultura klatkowa, samozanieczyszczanie, wpływ na środowisko, biomitalizacja, zrównoważony rozwój

WPROWADZENIE
Oczekuje się, że obecna liczba ludności świata wynosząca 7,7 mld wzrośnie do 9,7 mld do 2050 r. (Organizacja Narodów Zjednoczonych, Departament Spraw Gospodarczych i Społecznych, Wydział Ludności, 2019). Rosnąca liczba ludności stwarza ogromną presję i wyzwania dla bezpieczeństwa żywności i żywienia, a ponad 820 milionów ludzi na świecie nadal cierpi z powodu głodu. Ryby stanowią ważne źródło niedrogiego białka zwierzęcego dla ludzi, osiągając 50 % całkowitego spożycia lub więcej w wielu najsłabiej rozwiniętych krajach, w tym w krajach regionu azjatyckiego (FAO, 2020). W miarę jak światowe rybołówstwo przemysłowe ulega stagnacji pod względem wielkości i w coraz większym stopniu nie zaspokaja rosnącego światowego popytu na owoce morza, nadzieją na zaspokojenie rosnącego popytu jest stale rozwijająca się akwakultura (rys. 1). Malezja, obdarzona długą linią brzegową, posiada rozległe wybrzeże z potencjalnie osłoniętymi wodami do hodowli w sadzach morskich. Przybrzeżna hodowla klatkowa jest intensywnie prowadzona niemal wyłącznie na jednym poziomie troficznym, gdzie różne jednogatunkowe ryby są hodowane niezależnie w różnych klatkach lub na różnych obszarach. Ta jednogatunkowa praktyka z czasem doprowadziła do zanieczyszczenia i degradacji środowiska przybrzeżnego, skutkując epizodami nagłej masowej śmierci hodowanych ryb. W tym przeglądzie omówiono status IMTA w Malezji, oraz jego perspektywy w biomitalizacji zanieczyszczeń przybrzeżnych, odbudowie i ochronie wrażliwych ekosystemów

przybrzeżnych dla zrównoważonego rozwoju morskich hodowli klatkowych.

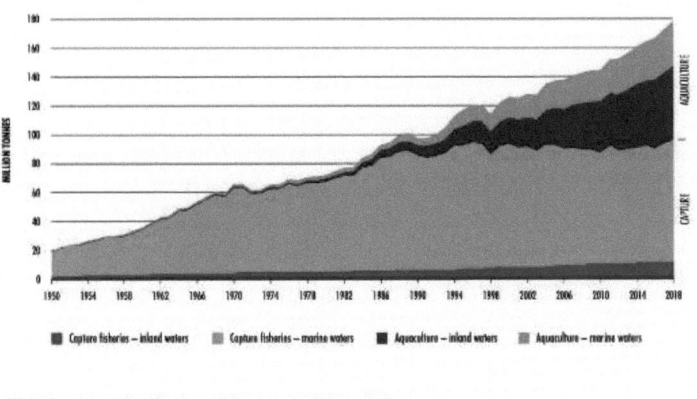

Rys. 1: Światowa produkcja w zakresie połowów przemysłowych i akwakultury (FAO, 2020).

Morska hodowla klatkowa w Malezji

Hodowla w klatkach została po raz pierwszy wprowadzona na skalę komercyjną w latach 80-tych (Shariff i Gopinath, 2000). Niski poziom technologii ograniczył hodowlę klatkową do regionów przybrzeżnych, chronionych przed silnymi falami, takich jak obszary osłonięte przez wyspy, laguny i estuaria. Na północy, stan Penang posiada 30.961 sztuk klatek o powierzchni 638.082 m^2, następnie Perak (17.840 klatek, 363.458,46 m^2) i Kedah (8.818 klatek, 135.582,19 m^2). W centralnym regionie, Selangor ma 17,961 klatek z 313,972.95 m^2. Na południu, Johore ma najwięcej klatek (8,856) o powierzchni 624,270 m^2. Na wschodnim wybrzeżu, hodowla klatkowa jest zlokalizowana głównie w Kelantan (5 622 klatki, 57 283,88 m^2) i Terengganu (2 047 klatek, 40 956,82 m^2). We wschodniej Malezji, w Sabah i Sarawak znajduje się odpowiednio 8 699 klatek (220 504 m^2) i 1 630 klatek (16 795 m^2) (DOF, 2018). Hodowla klatkowa jest w praktyce prawie wyłącznie jednotroficzna, kultywując płetwy, takie jak labraks, groupery i lucjany, podczas gdy bardzo niewielka liczba hodowców ryb prowadzi również hodowlę liniową ekologicznych gatunków ekstrakcyjnych, która zależy od dostępności naturalnych nasion w pobliżu miejsca, w którym znajdują się klatki. Praktyka jednotroficzna coraz częściej staje w obliczu poważnych wyzwań związanych z nagłą masową śmiercią ryb z powodu pogarszającej się jakości wód przybrzeżnych.

Zagadnienia dotyczące środowiska i chorób w morskich hodowlach klatkowych

Morska hodowla klatkowa może pomóc w zmniejszeniu presji połowowej na dzikie zasoby rybne, ale jeśli nie jest prowadzona w odpowiedni sposób, może być szkodliwa dla ekosystemu. Intensywna hodowla w klatkach może powodować znaczne pogorszenie jakości wody z powodu odpadów paszowych i odchodów. Szacuje się, że 52 - 95 % azotu (N) dodawanego do systemu hodowlanego jako pożywienie ostatecznie zanieczyszcza środowisko (Handy i Poxton, 1993) z powodu marnotrawstwa, słabej absorpcji i retencji. Odprowadzanie substancji organicznych z hodowli klatkowych spowoduje zubożenie tlenu rozpuszczonego (DO) w słupie wody w wyniku procesu degradacji mikrobiologicznej (Hargrave i in., 1993). Również mikrobiologiczna aktywność kompostowania może bezpośrednio powodować wysokie biochemiczne zapotrzebowanie na tlen

(Suratman i in., 2009). Ponadto, proces ten zwiększa również produkcję dwutlenku węgla w wodach w wyniku oddychania i prowadzi do niskich wartości pH. Samozanieczyszczenie wynikające z chowu klatkowego, jeśli nie jest kontrolowane, może powodować eutrofizację zbiorników wodnych i dna morskiego, a także indukuje nadmierny wzrost glonów i roślin.

Ponadto, ekosystem przybrzeżny jest stale narażony na zanieczyszczenia antropogeniczne wynikające z urbanizacji, industrializacji i innych działań gospodarczych. W 10-letnim nadzorze jakości wody (2003-2010 i 2014-2015) na terenie marikultury w Setiu Wetland Lagoon, Terengganu, Poh et al. (2019) ujawnili wysokie stężenie fosforu związane z plantacją palmy olejowej, wysoką zawartość zawiesiny spowodowaną oczyszczaniem terenu na dużą skalę oraz wzbogacenie amonem wynikające z odprowadzania wód z akwakultury lądowej.

Akwakultura i zanieczyszczenia antropogeniczne stale obciążają wody przybrzeżne dużą ilością odpadów organicznych i nieorganicznych. Takie substancje odpadowe nie tylko trapią ryby z powodu obniżonego DO, zatrucia amoniakiem i szkodliwego zakwitu glonów, ale także predysponują hodowane gatunki do różnych czynników chorobowych (Najiah i in., 2002; Najiah i in., 2008; Ariff i in., 2019). W Malezji nagłe masowe zgony ryb związane z pogorszoną jakością wody stają się coraz częstsze na głównych przybrzeżnych obszarach hodowli klatkowej, powodując bardzo duże straty dla hodowców (Lim, 2019, 12 sierpnia; Audrey, 2020, 4 czerwca; Lo, 2020, 5 czerwca). W związku z tym konieczne są środki łagodzące, aby uzdrowić wody bogate w składniki odżywcze i zapobiec pogorszeniu się ich stanu w stopniu niedopuszczalnym dla ryb. To z kolei przyczyni się do zrównoważonego rozwoju akwakultury przybrzeżnej.

Zintegrowana akwakultura wielotroficzna
Zintegrowana akwakultura wielotroficzna to hodowla gatunków akwakultury z różnych poziomów łańcucha pokarmowego w pobliżu siebie w celu uzyskania uzupełniających się funkcji ekosystemu, przy czym niezjedzona pasza i odpady jednego gatunku są wykorzystywane przez gatunki z innych poziomów. Na przykład, w ekosystemie morskim, karmione gatunki akwakultury (np. ryby) są zintegrowane z organicznymi gatunkami pobierającymi pokarm (np. ryby zawiesinowe i osiadłe) oraz nieorganicznymi gatunkami pobierającymi pokarm (np. wodorosty). Rysunek 2 przedstawia schematyczną budowę systemu IMTA w otwartej wodzie.

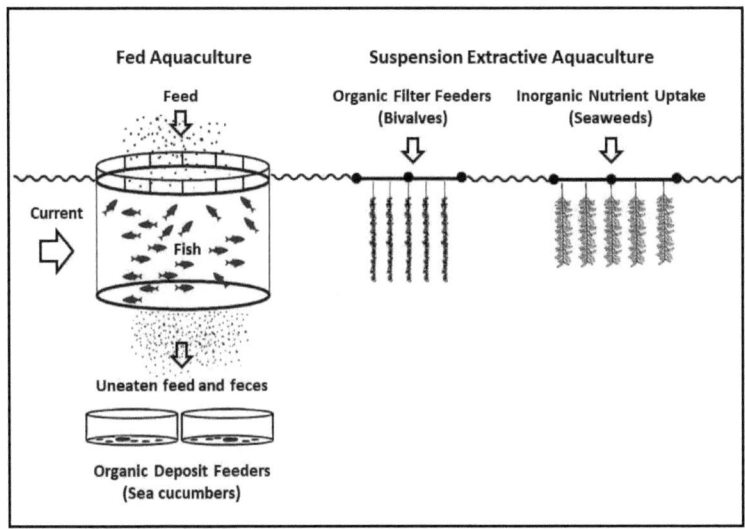

Fed Aquaculture   Suspension Extractive Aquaculture

Feed   Organic Filter Feeders   Inorganic Nutrient Uptake
(Bivalves)   (Seaweeds)

Current

Fish

Uneaten feed and feces

Organic Deposit Feeders
(Sea cucumbers)

Rys. 2. Schematyczny widok modułu IMTA w otwartej wodzie pokazujący integrację karmionych gatunków akwakultury (np. ryb) z organicznymi gatunkami ekstrakcyjnymi (np. małżami jako podajnikami filtrów zawiesinowych i ogórkami morskimi jako podajnikami złoża) oraz nieorganicznymi gatunkami ekstrakcyjnymi (np. wodorostami morskimi). Karmniki odkładające się są hodowane pod klatkami dla ryb w celu usuwania niezjedzonej karmy i odchodów ryb, podczas gdy karmniki filtrujące pobierają zawieszone cząstki organiczne, a nieorganiczne gatunki ekstraktywne eliminują rozpuszczone nieorganiczne składniki odżywcze, takie jak azot i fosfor.

System IMTA ma długą historię w Chinach i dotyczy małży i wodorostów morskich. Jest on z powodzeniem stosowany w zatoce Sanggou od końca lat 80-tych (Fang et al., 1996), a obecnie jest szeroko stosowany w wielu częściach Chin. Połączenie abalonu, kelpu i ogórka morskiego jest jednym z udanych modułów w praktyce. W Kanadzie, pierwsze badania IMTA miały miejsce w 2001 roku w Zatoce Fundy, nad współuprawą łososia (*Salmo salar*), kelpu (*Laminaria saccharina* i *Alaria esculenta*) i omułka jadalnego (*Mytilus edulis*) (Chopin i in., 2007; Chopin i Robinson, 2004). Badania wykazały zwiększony wzrost kelp i omułków odpowiednio o 46% i 50%, co wskazuje na wzrost dostępności pokarmu w pobliżu farm łososiowych. Chopin et al. (2007) wykazali również, że przy odpowiednim zarządzaniu, omułki i wodorosty morskie produkowane w IMTA mogą być bezpiecznie wykorzystywane do spożycia przez ludzi.
U.S.A. i Meksyk.(Garcia, 2012)

Podejście IMTA ma na celu zmniejszenie wpływu na środowisko odpadów organicznych i nieorganicznych z akwakultury, tak aby mogła ona być bardziej zrównoważona ekologicznie (Lefebvre i in., 2000; Chopin i in., 2008; Troell i in., 2003; Neori i in., 2017). Jest ona uważana za wyspecjalizowaną formę odwiecznej praktyki polikultury, która współkulturowała różne gatunki w zbiornikach wodnych, często bez względu na poziom troficzny. Z perspektywy ekonomicznej, IMTA jest również sposobem na zmniejszenie ryzyka ekonomicznego, a także na zwiększenie konkurencyjności poprzez dywersyfikację gatunkową (Barrington i in., 2009). Coraz bardziej zyskuje na znaczeniu ze względu na jakość plonów i przyjazność dla środowiska. Tabela 1 przedstawia niektóre z eksperymentalnych modułów IMTA w Azji Południowo-Wschodniej.

Tabela 1: Eksperymentalne moduły IMTA w niektórych krajach Azji Południowo-Wschodniej.

Kraj	Kombinacja gatunków	Wyniki	Odnośnik
Zatoka Gerupuk, Środkowy Lombok, Indonezja,	Tiger grouper (*Epinephelus fuscoguttatus*), silver pompano (*Trachinotus blochii*) i wodorosty (*Kappaphycus alvarezii*)	Dobre wyniki wzrostu zarówno w przypadku groupera, jak i pompano oraz zwiększona produkcja wodorostów morskich	Radiarta i Erlania, 2016
Zatoka Gerupuk, Środkowy Lombok, Indonezja,	(*Eucheuma cottonii* - homar - abalone); (*E. cottonii* - abalone - karp czerwony); (*E. cottonii* - abalone - grouper); (*E. cottonii* - abalone - pomfret)	Kombinacja *E. cottonii* - abalone - grouper wykazywała najwyższą produkcję biomasy *E. cottonii*	Sukiman et al., 2014.
Południow e Cebu, Filipiny	Ośle ucho (*Haliotis asinine*) jako gatunek karmiący oraz wodorosty (*Gracilaria heteroclada* i *Eucheuma denticulatum* jako nieorganiczne gatunki wydobywcze	Hodowla abalone nie produkowała dużej ilości odpadów w eksperymentalnej skali hodowlanej. *Gracilaria* i *Eucheuma* hodowane obok siebie w klatkach z abalone służą jako zasilanie na żądanie i biofiltry odpadów nieorganicznych	Largo et al., 2016
Guimaras, Filipiny	Kombinowana hodowla w zagrodzie ryb mlecznych *Chanos chanos* z ogórkiem morskim *Holothuria scabra* i wodorosty *Kappaphycus* sp.	Złagodzenie wpływu nadmiaru składników odżywczych pochodzących z niejedzonej paszy i odchodów ryb mlecznych oraz uzyskanie dodatkowego dochodu z gatunków nie karmionych	SEAFDEC, 2017 R.
Prowincja Khánh Hòa, Wietnam	Ogórek morski z krewetkami lub ślimakami babilońskimi	Niskonakładowa hodowla ogórka morskiego poprawia jakość wody dla krewetek lub ślimaki babilońskie	The Fish Site, 2019
Sabah, Malezja,	Langusta (*Panulirus ornatus)*, ogórek morski (*Holothuria scabra*) i wodorosty morskie (*Kappaphycus alvarezii*) w systemie recyrkulacyjnym i przepływowym	Większa skuteczność uzdatniania wody i wzrost przepływu w systemie przepływowym	Sumbing et al., 2016

Status i perspektywy IMTA w Malezji

Koncepcja IMTA znajduje się obecnie w Malezji w początkowej fazie rozwoju. W Terengganu i

45

Kelantan, w zależności od dostępności dzikich nasion, niektóre hodowle klatkowe praktykują hodowlę ostryg metodą dropper-line obok hodowli labraksa lub groupera dla dodatkowego dochodu, a nie z perspektywy ekologicznej. W związku z tym, edukacja w zakresie świadomości ekologicznej i wsparcie techniczne pomogą rolnikom przyjąć kompletny moduł IMTA. Malezja, obdarzona rozległą linią brzegową i licznymi wyspami, posiada różnorodne siedliska, w których występuje duża różnorodność wodorostów morskich z 35 gatunkami w 12 rodzinach Cyanophyta; 113 gatunkami w 16 rodzinach Chlorophyta; 95 gatunkami w 8 rodzinach Ochrophyta; i 216 gatunkami w 36 rodzinach Rhodophyta. Pomimo posiadania bogatych zasobów wodorostów morskich, jak dotąd tylko *Kappaphycus alvarezii, Eucheuma denticulatum* i *Gracilaria manilaensis* zostały zidentyfikowane jako odpowiednie do celów komercyjnych (Phang i in., 2019). Wodorosty są obecnie najszerzej uprawiane w Sabah z 9 835,30 Ha obszarów uprawnych, podczas gdy Kedah ma bardzo małą skalę upraw 0,68 Ha (DOF, 2018). Ze znacznie ugruntowaną uprawą wodorostów morskich i 220 504 ^{m2} (8 699 klatek) hodowli klatkowej, Sabah może mieć większe szanse na wdrożenie IMTA w porównaniu z innymi stanami.

PODSUMOWANIE

Morska hodowla klatkowa w Malezji znajduje się na rozdrożu, ponieważ zanieczyszczenia pochodzące z lądowej działalności antropogenicznej i samej hodowli klatkowej stale zakłócają homeostazę ekosystemu. Może nie minąć zbyt wiele czasu zanim związana z zanieczyszczeniami masowa śmierć ryb stanie się przytłaczająco ciężka i sprawi, że hodowla stanie się nieopłacalna. Mimo że IMTA jest jeszcze w powijakach w Malezji, ma ona dobre perspektywy w zakresie biomitygacji zanieczyszczeń przybrzeżnych oraz przywracania i ochrony wrażliwego ekosystemu przybrzeżnego. Symbiotyczny i komplementarny charakter IMTA będzie promował odporność ekologiczną, harmonię i zrównoważony rozwój, a także zmniejszy prawdopodobieństwo wystąpienia chorób u hodowanych gatunków. Niemniej jednak, nie ma jednego uniwersalnego systemu IMTA. Jest mało prawdopodobne, aby moduł, który odniósł sukces w danym miejscu, pasował do wszystkich miejsc. Optymalna kombinacja gatunków powinna być określona empirycznie w oparciu o lokalne scenariusze ekonomiczne i ekologiczne.

REFERENCJE

Ariff, N., Abdullah, A., Azmai M.N.A., Musa N., & Zainathan, S.C. (2019). Risk factors associated with viral nervous necrosis in hybrid groupers in Malaysia and the high similarity of its causative agent nervous necrosis virus to reassortant red-spotted grouper nervous necrosis virus/striped jack nervous necrosis virus strains. *Veterinary World*, 12(8), 1273-1284.

Audrey, D. (2020, 4 czerwca). Nie trzeba się martwić o tusze ryb w morzu. *New Straits Times*. Retrieved from https://www.nst.com.my/news/nation/2020/06/597957/no-need-worry-about-fish-carcasses-sea.

Barrington, K., Chopin, T., & Robinson, S. (**2009**). Integrated multi-trophic aquaculture (IMTA) in marine temperate waters. In D. Soto (ed.). Integrated mariculture: a global review. *FAO Fisheries and Aquaculture Technical Paper*. No. 529. Rzym, FAO. str. 7-46.

Chopin, T., & Robinson, S. (2004) Defining the appropriate regulatory and policy framework for the development of integrated multi-trophic aquaculture practices: introduction to the workshop and positioning of the issues. *Bull Aquacult Assoc Can.*, 104, 4-10.

Chopin, T., Robinson, S., Page, F., Ridler, N., Sawhney, M., Szemerda, M., Sewuster, J., & Boyne-Travis, S. (2007). Integrated multi-trophic aquaculture making headway in Canada. *The Canadian Aquaculture Research and Development Review*, str. 28.

Chopin, T., Robinson, S.M.C., Troell, M., Neori, A., Buschmann, A.H., & Fang, J. (2008). Integracja multitroficzna dla zrównoważonej akwakultury morskiej. In Sven Erik Jørgensen and Brian D. Fath (Editor- in-Chief), *Ecological Engineering*. Vol. [3] *of Encyclopedia of Ecology*, 5 vols. pp. 2463-2475. Oxford: Elsevier.

DOF. (2018). AnnualFisheriesStatistics (Roczne statystyki rybołówstwa) . Retrievedf https://www.dof.gov.my/dof2/

resources/user_29/Documents/Perangkaan%20Perikanan/2018%20Jilid%201/Table_akua_201
8_-new.pdf.

Fang, J., Kuang, S., Sun, H., Li, F., Zhang, A., Wang, X., & Tang, T. (1996). Mariculture status and optimizing measurements for the culture of scallop *Chlamys farreri* and kelp *Laminaria japonica* in Sanggou Bay. *Mar Fish Res*, 17, 95-102.

FAO. (2020). Stan rybołówstwa i akwakultury na świecie 2020. Zrównoważony rozwój w działaniu. Rzym. https://doi.org/10.4060/ca9229en

Garcia, J. (2012). Zrównoważona alternatywa dla dywersyfikacji kultur i ochrony jakości środowiska morskiego. In Integrated Multi-trophic Aquaculture (IMTA): A sustainable, pioneering alternative for marine cultures in Galicia (ed. Guerrero, S. and Cremades, J.), pp. 9. Rząd Regionalny Galicji (Hiszpania), Rada Regionalna Obszarów Wiejskich i Regionalnego Środowiska Morskiego Centrum Badań Morskich, Hiszpania. https://hal.archives-ouvertes.fr/h

Handy, R.D., & Poxton, M.G. (1993). Nitrogen pollution in mariculture: toxicity and excretion of nitrogenous compounds by marine fish. *Rev. Fish. Biol. Fisheries*, 3, 205-241.

Hargrave, B.T., Duplisea, D.E., Pfeiffer, E., & Wildfish, D.J. (1993). Seasonal changes in benthic fluxes of dissolved oxygen and ammonium associated with marine cultured Atlantic salmon. *Marine Ecology Progress Series*, 96, 249-257.

Largo, D.B., Diola, A.G., & Marababol, M.S. (2016). Development of an integrated multi-trophic aquaculture (IMTA) system for tropical marine species in Southern Cebu, Central Philippines. *AquacultureReports*, 3, 67-76.

Lefebrve S., Barille', L., & Clerc, M. (2000). Ostryga pacyficzna (*Crassostrea gigas*) odpowiedzi żywieniowe na ścieki z hodowli ryb. *Aquaculture*, 187, 185-198.

Lim, C. (2019, sierpień 12). Hodowcy ryb ponownie poważnie uderzeni, ponieważ 50, 000 ryb znaleziono martwych w Teluk Bahang. *The Star*. Retrieved from https://www.thestar.com.my/news/nation/2019/08/ 12/fish-breeders-hit- badly-again-as-50-000-fishes-found-dead-in-teluk-bahang

Lo, T.C. (2020, 5 czerwca). Czerwona fala zmierza w kierunku Kedah. *The Star*. Retrieved from https://www.thestar.com.my/news/nation/2020/06/05/killer-red-tide-heading-towards-kedah

Najiah, M., Lee, K.L., Hassan, M.D., Muhd-Azmi, M.L., & Shariff, M. (2002). Morphological, biochemical and physiological characteristics of *Vibrio parahemolyticus* isolates in diseased fish and shrimp ponds in Malaysia. *Jurnal Veterinar Malaysia*, 14(1&2), 25-30.

Najiah, M., Nadirah, M., Lee, K. L., Lee, S.W, Wendy, W., Ruhil, H.H., & Nurul, F.A. (2008). Bacterial flora and heavy metals in cultivated oysters *Crassostrea iredalei of* Setiu Wetland, East Coast Peninsular Malaysia. *Veterinary Research Communication*, 32, 377-381.

Neori, A., Shpigel, M., Guttman, L., & Israel, A. (2017). Development of polyculture and integrated multi- trophic aquaculture (IMTA) in Israel: a review. *The Israeli Journal of Aquaculture-Bamidgeh*, 69:1- 19.

Phang, S.M., Yeong, H.Y., & Lim, P.E. (2019). The seaweed resources of Malaysia (Zasoby wodorostów w Malezji). *Botanica Marina*, 62(3). https://doi.org/10.1515/bot-2018-0067

Poh, S. C., Ng, N.C.W., Suratman, S., Mathew, D., & Mohd Tahir, N. (2019). Dostępność składników odżywczych w lagunie Setiu Wetland, Malezja: trendy, możliwe przyczyny i wpływ na środowisko. *Environmental Monitoring and Assessment*, 191, 3. https://doi.org/10.1007/s10661-018-7128-y

Radiarta, N., & Erlania. (2016). Performance of mariculture commodities under Integrated Multi-Trophic Aquaculture (IMTA) system at Gerupuk Bay, Central Lombok, West Nusa Tenggara. *Jurnal Riset Akuakultur*, 11 (1), 85-97.

SEAFDEC. (2017). Southeast Asian State of Fisheries and Aquaculture (Stan rybołówstwa i akwakultury w Azji Południowo-Wschodniej). Southeast Asian Fisheries DevelopmentCenter , Bangkok, Thailand. 167 pp.

http://repository.seafdec.org/bitstream/handle/20.500.12066/6204/6.5-Addressing-concerns-due-to- aquaculture-climate-change.pdf?sequence=1&isAllowed=y

Shariff, M., & Gopinath, N. (2000). Cage culture in Malaysia: an overview [Prezentacja referatu]. In

Akwakultura klatkowa w Azji: Proceedings of the First International Symposium on Cage Aquaculture in Asia (pp. 75-81). Asian Fisheries Society, Manila, and World Aquaculture Society - Southeast Asian Chapter, Bangkok.

Sukiman, Faturrahman, Rohyani I.S., & Ahyadi, H. (2014). Growth of seaweed *Eucheuma cottonii* in multi trophic sea farming systems at Gerupuk Bay, Central Lombok, Indonesia Nusantara. *Bioscience*, 6, 82-85.

Sumbing, M.V., Al-Azad, S., Estim, A., & Mustafa, S. (2016). Growth performance of spiny lobster *Panulirus ornatus* in land-based Integrated Multi-Trophic Aquaculture (IMTA) system. *Transactions on Science and Technology*, 3(1-2), 143-149.

Suratman, S., Awang, M., Loh, A.L., & Mohd Tahir, N. (2009). Water quality index study in Paka River basin, Terengganu (w języku malajskim). *Sains Malaysiana*, 38, 125-131.

The Fish Site. (2019). Wietnam promuje ogórek morski IMTA. Retrieved from https://thefishsite.com/articles/vietnam-promotes-sea-cucumber-imta.

Troell, M., Halling, C., Neori, A., Chopin, T., Buschman, A.H., Kautsky, N., & Yarish, C. (2003). Zintegrowana marikultura: zadawanie właściwych pytań. *Aquaculture*, 226, 69-90.

Organizacja Narodów Zjednoczonych, Departament Spraw Gospodarczych i Społecznych, Wydział Ludności. (2019). World Population Prospects 2019: Highlights (ST/ESA/SER.A/423).

Właściwości przeciwutleniające Nerita articulata z estuarium namorzyn Kuantan, Pahang Malezja

Deny Susanti1*, Mohd Faizol, A.L2

1Wydział Chemii, Kulliyyah of Science, International Islamic University Malaysia, 25200 Kuantan, Pahang, Malezja.

2Department of Biotechnology, Kulliyyah of Science, International Islamic University Malaysia, 25200 Kuantan, Pahang, Malaysia.

*Autor korespondencyjny: deny@iium.edu.my,

ABSTRACT

Mięczaki są jednymi z głównych makrobezkręgowców, które odgrywają znaczącą rolę ekologiczną w dynamice składników pokarmowych w ekosystemie namorzynów, ponieważ stanowią istotne ogniwo w sieci pokarmowej jako drapieżniki, roślinożercy, detrytoryści i filtratorzy. Są one użytecznymi bioindykatorami zanieczyszczenia środowiska, ze względu na ich metody filtrowania pokarmu. W oparciu o powyższe konteksty, właściwości przeciwutleniające mięczaków z gatunku *Nerita articulata* zostały zbadane w ujściu namorzynów w Kuantan, Pahang, na wschodnim wybrzeżu Malezji. W obecnym badaniu przeprowadzono różne testy antyoksydacyjne, aby ocenić aktywność przeciwutleniającą wodnych, metanolowych i dichlorometanowych: metanolowych ekstraktów *N. articulata*. Wyniki porównano z alfa-tokoferolem i kwasem askorbinowym, które są ogólnie znane jako związki przeciwutleniające. Określono również procentową aktywność zmiatania i hamowania peroksydacji lipidów dla każdego z ekstraktów. Stwierdzono, że ekstrakty mają różny poziom właściwości przeciwutleniających w zastosowanych modelach badawczych. Wszystkie ekstrakty silnie hamowały peroksydację lipidów, a także wykazywały niską aktywność zmiatania rodników. Dlatego też gatunek ten może być uważany za znaczące źródło przeciwutleniaczy w zakresie peroksydacji lipidów. Badanie wskazuje, że ekstrakty z mięczaka *N. articulata* mają dobrą aktywność przeciwutleniającą, która może być wykorzystana jako trop dla potencjalnych związków bioaktywnych.

Słowa kluczowe: *Nerita articulata*, Aktywność antyoksydacyjna, Wolne rodniki, Aktywność zmiatająca, Peroksydacja lipidów.

WPROWADZENIE

Morskie lub naturalne produkty wodne przyciągały uwagę biologów i chemików na całym świecie przez ostatnie pięć dekad. Ze względu na potencjał w zakresie odkrywania nowych leków, naturalne produkty pochodzenia wodnego przyciągnęły naukowców, którzy doprowadzili do odkrycia tysięcy produktów pochodzenia wodnego do dnia dzisiejszego, a wiele z tych związków wykazało obiecującą aktywność biologiczną. Aktywność biologiczna ekstraktu z organizmów morskich lub wyizolowanych związków jest kategoryzowana w kategoriach aktywności przeciwbakteryjnej, przeciwwrzesistkowej, przeciwrobaczycowej, przeciwmalarycznej, przeciwzapalnej, przeciwutleniającej, przeciwnowotworowej i antyalergicznej (Anand, 2010; Malve, 2016). Mięczaki są jedno z ważnych źródeł do pozyskiwania związków bioaktywnych, które wykazują aktywność przeciwnowotworową, przeciwbakteryjną, przeciwzapalną i przeciwutleniającą (Sole i in., 1994; Bhakuni i Rawat, 2005; Benkendorff i in., 2010). Mięczaki zawierają również bogate składniki odżywcze, które są korzystne dla ludzi w każdym wieku. W naszym organizmie proces utleniania prowadzi do uszkodzenia komórek, raka i chorób zwyrodnieniowych; cząsteczki przeciwutleniaczy obecne w różnych mięczakach zapobiegają uszkodzeniu komórek w wyniku reakcji utleniania (Nagash i in., 2010). Związki wyizolowane z mięczaków były również stosowane w leczeniu reumatoidalnego zapalenia stawów i choroby zwyrodnieniowej stawów (Chellaram i Edward, 2009). Ekstrakty z mięczaków wykazują również aktywność przeciwwirusową i przeciwbakteryjną wobec patogennych bakterii ryb, a ekstrakt ten może znaleźć zastosowanie w akwakulturze (Defer i in., 2009).

Lasy namorzynowe są udokumentowane jako jedne z najbardziej produktywnych ekosystemów na świecie, które zapewniają ważne żłobki i żerowiska dla młodych ryb i potencjalnych gatunków bezkręgowców, takich jak mięczaki (Siraprapha i in., 2016). Mięczaki są jednymi z głównych makrobezkręgowców, które odgrywają istotną rolę ekologiczną w dynamice składników pokarmowych w ekosystemie namorzynów, ponieważ stanowią ważne ogniwo w obrębie pokarmu

jako drapieżniki, roślinożercy, detrytoryści i filtratorzy. Są one przydatne bio-wskaźniki zanieczyszczenia środowiska, ze względu na ich metody filtrowania pokarmu. *N. articulata* jest najbardziej dominujący i zamieszkuje szeroko w obszarze namorzynów w ujściu Kuantan.

W oparciu o powyższe perspektywy, niniejsze badanie zostało przeprowadzone w celu obserwacji właściwości przeciwutleniających wybranych dominujących gatunków mięczaków, które zostały znalezione obficie w pobliżu obszaru namorzyn w ujściu rzeki Kuantan. Badanie miało na celu określenie aktywności antyoksydacyjnej surowych ekstraktów *Nerita* przy użyciu różnych technik (wolne rodniki lub peroksydacja lipidów) oraz analizę ilościowych aspektów aktywności antyoksydacyjnej w wybranych gatunkach mięczaków.

METODOLOGIA
Obszar pobierania próbek
Kuantan namorzyny obszar położony w pobliżu ujścia rzeki Kuantan z szerokości geograficznej 3 ° 48' 20.63 °N i 103 ° 20' 3.36 °E. To jest w ramach dzielnicy Kuantan około 2 km od miasta Kuantan. Obszar ten był otoczony przez 339 hektarów lasu namorzynowego rezerwatu, który istniał przez ponad 500 lat. Ten obszar badań jest uznawany za siedlisko dla różnych zwierząt, takich jak ptaki, ryby i inne potencjalne bezkręgowce, takie jak ślimaki, stawonogi.

Rys. 1: Obszar pobierania próbek: Ujście namorzynowe Kuantan

Zbieranie próbek
Świeże próbki gatunków *Nerita* zostały zebrane z obszaru namorzynów estuarium, Kuantan. Próbki były przechowywane w plastikowej torbie przed przechowywaniem w chłodnym pomieszczeniu. Następnie oddzielono korpus od muszli, a badania właściwości przeciwutleniających skupiły się na części korpusowej *Nerita* sp. Następnie próbki przechowywano w temperaturze -20 °C do momentu ekstrakcji (Houssen i Jaspars, 2005; Bhakuni i Rawat, 2005). Strona

Gatunki zostały zidentyfikowane do poziomu rodzaju i odniesione do Taxonomy and Distribution of Neritidae (Mollusc: Gastropoda) in Singapore omówione przez Siong i Reuben, 2008; Bouchet i Rocroi, 2005).

Ekstrakcja za pomocą różnych rozpuszczalników
Próbki były ekstrahowane w zależności od ich polarności przy użyciu wody i rozpuszczalników organicznych. Rozpuszczalniki te to woda, dichlorometan (DCM): metanol i ekstrakcje metanolowe (Sies, 1997; Houssen i Jaspars, 2005; Bhakuni i Rawat, 2005). Szczegółowe metody ekstrakcji przeprowadzono za pomocą różnych rozpuszczalników, które opisano w następujący sposób:

Ekstrakcja wody
Próbki zostały pocięte na małe kawałki, a ich waga została odpowiednio zapisana. Następnie próbki (304.37 g) zostały dodane do 500 mL wody destylowanej i zmielone przy użyciu blendera. Mieszaninę przeniesiono do kolby stożkowej i przechowywano w zimnym pomieszczeniu (0 °C) przez 24 godziny. Następnie próbki przefiltrowano przy użyciu bibuły filtracyjnej Whatman nr 1, a pozostałości/przesącz zebrano do ekstrakcji rozpuszczalnikiem organicznym. Wodny ekstrakt został zamrożony w głębokim zamrażalniku (-20 °C). Następnie próbki liofilizowano i otrzymano surowy ekstrakt do ekstrakcji wodnej.

51

Dichlorometan: Ekstrakcja metanolowa

Próbki zważono (432,78 g), a następnie nasączono 500 mL DCM: metanolu (1:1), wymieszano i przechowywano przez 24 godziny w temperaturze pokojowej. Następnie nasączone próbki filtrowano, a pozostałości/filtrat zbierano do ekstrakcji metanolu. Próbki suszono w komorze dymowej w celu usunięcia pozostałego rozpuszczalnika przez 1-3 dni. Uzyskano surowy ekstrakt do ekstrakcji DCM: metanol i przechowywano w zamrażarce.

Ekstrakcja metanolem

Próbki zostały zważone (391.51 g) i dodane do 500 mL metanolu, a następnie wymieszane. Następnie próbki przechowywano przez 24 godziny w temperaturze pokojowej, filtrowano, a ekstrakty odpowiednio odparowywano. Próbki suszono w komorze dymowej przez 1-3 dni. Uzyskano surowy ekstrakt do ekstrakcji metanolowej, który przechowywano w zamrażarce.

Badanie przeciwutleniaczy
Szybkie badania przesiewowe przy użyciu Dot-Blot i barwienia DPPH

Szybkie badanie antyoksydantów odnosiło się do metody Dot-Blot i barwienia DPPH z niewielką modyfikacją w celu wykrycia właściwości antyoksydacyjnych w wysuszonych próbkach zamrażarki. Surowe ekstrakty rozpuszczano w metanolu o stężeniu 10mg/ml. Ekstrakty i witaminę C ostrożnie ładowano na warstwę TLC i suszono przez 3 minuty. Następnie na warstwę TLC natryskiwano 0,4 mM roztwór DPPH. Wybarwiona warstwa TLC ujawniła fioletowe tło z białą plamką w miejscu kropli, co świadczyło o zdolności zmiatania rodników (Soler-Rivas i in., 2000; Subhapradha i in., 2013).

Ilościowe oznaczenie przeciwutleniaczy
Oznaczenie zmiatania wolnych rodników

Aktywność zmiatania rodnika DPPH przez ekstrakty z próbek *N. articulata* została określona przy użyciu protokołu Brand-William el al. (1995). Cited By in Scopus (1464)Aktywność zmiatania wolnych rodników przez różne ekstrakty została oceniona. Przygotowano roztwór podstawowy każdego ekstraktu rozpuszczony w metanolu o stężeniu 10 mg/mL. Seryjne rozcieńczenia wykonywano trzykrotnie w stężeniach 500, 250, 125, 62,5, 31,3, 15,6, 7,8 µg/mL z roztworu podstawowego. Każdy ekstrakt (100 µL) mieszano z 3,9 mL świeżo przygotowanego roztworu zawierającego 25 mg/L rodnika 1,1-difenylo-2-pikrylohydrazylowego (DPPH) w metanolu. Absorbancję mierzono 30 min później w świetle UV przy długości fali 515 nm. Procentową aktywność zmiatania rodnika DPPH obliczano w następujący sposób:

Aktywność oczyszczająca (%) = [1-(absorbancja próbki/absorbancja próby ślepej)] x 100

Niższa absorbancja wskazuje na wyższy efekt zmiatania. Wartość EC50 (mg/mL) to efektywne stężenie, przy którym rodnik DPPH został zmiatany w 50%. Witamina C i E zostały użyte jako kontrole pozytywne.

Metoda tiocyjanianu żelaza (FTC)

Zastosowano metodę FTC przyjętą przez Huang et al. (2005). W niniejszych badaniach metoda ta została nieznacznie zmodyfikowana. 4 mg surowego ekstraktu rozpuszczono w 4 mL 95% (w/v) etanolu i zmieszano z kwasem linolowym (2,51%, v/v) w 99,5% (w/v) etanolu (4,1 mL), 8 mL 0,05M buforu fosforanowego pH 7,0 i 3,9 mL wody destylowanej. Mieszaninę przechowywano w zakręcanym pojemniku w temperaturze $^{40 0C}$ w ciemności. Do 0,1 mL tej mieszaniny dodano 9,7 mL 75% etanolu i 0,1 mL 30% (w/v) tiocyjanianu amonu. Dokładnie 3 minuty po dodaniu do mieszaniny reakcyjnej 0,1 mL 20 mM chlorku żelazawego w 3,5% (v/v) kwasie solnym zmierzono absorbancję przy 500 nm powstałego czerwonego roztworu. Następnie mierzono ją ponownie co 24 godziny w kolejnych dniach, gdy absorbancja kontroli osiągnęła wartość maksymalną. Procentowe zahamowanie peroksydacji kwasu linolowego obliczano jako:

Inhibicja (%) =100 - [(wzrost absorbancji próbki/ wzrost absorbancji kontroli) x 100]
Wszystkie testy przeprowadzono w trzech powtórzeniach, a witamina E stanowiła kontrolę pozytywną.

Analiza opisowa
Wszystkie doświadczenia wykonywano w trzech powtórzeniach. Wyniki przedstawiono w postaci średniej ± odchylenie standardowe. Analiza ta miała charakter statystyki opisowej. Dane i wykresy poddano analizie z wykorzystaniem programu Microsoft® Office Excel 2007 oraz analizy ANOVA.

WYNIKI I DYSKUSJA
Identyfikacja próbki
Ten ślimak w garniturze w paski był powszechnie widziany w lasach namorzynowych, często występując w dużych ilościach. Może być również postrzegane na skalistych brzegach, zwłaszcza tych w pobliżu lasów namorzynowych. Tan i Clements (2008) obserwowali tego ślimaka na pniach i korzeniach drzew namorzynowych, ścianach kanałów monsunowych, mulistych brzegach i skalistych obszarach w lub w pobliżu lasów namorzynowych. Był on również znany jako *N. lineata*. Rozmiar tego gatunku wynosił 2-3 cm wraz z muszlą, która była mocna i zaokrąglona. Kolor tego gatunku był beżowy, szary lub różowawy z drobnymi, spiralnymi czarnymi żeberkami. Płaska spodnia strona muszli była biała, czasami z żółtymi plamkami. Przy otworze muszli znajdowały się małe ząbki. Operculum było również równomiernie pokryte drobnymi zgrubieniami. Zwierzę miało delikatne czarne linie i długie, cienkie, czarne macki. Żywiło się glonami i wydawało się wracać w to samo miejsce po zakończeniu żerowania. Według Tan & Clements (2008), podszyty Nerite był prawdopodobnie najszerzej rozprzestrzeniony. Gatunek ten najliczniej występował w monsunowych kanałach, murach i na drzewach namorzynowych, licząc w setkach osobników w jednym miejscu. Poniższa tabela opisywała obraz i morfologię tego gatunku. Najbardziej dominujący ślimak w obszarze namorzynów Kuantan został zidentyfikowany morfologicznie w następujący sposób (Tabela 1 i Rysunek 2):

Tabela 1: Taksonomia *N. articulata*

Faza	Mollusca
Klasa	Gastropoda
Porząd	Neritopsina
ek	Neritidae
Rodzin	*Nerita*
a	*Nerita articulata*
Rodzaj	
Gatunek	

N. articulata	Charakterystyka
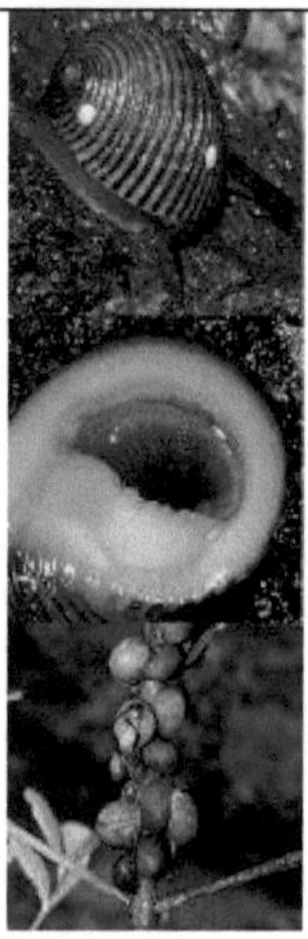 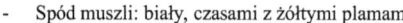	- Skorupa mocna i zaokrąglona - Kolor: beżowy, szary lub różowawy z drobnymi, spiralnymi czarnymi prążkami - Rozmiar: 2-3cm - Spód muszli: biały, czasami z żółtymi plamami - małe ząbki przy otworze muszli -Habitat : powszechnie spotykane na namorzynach; pnie drzew namorzynowych i korzenie, dziupla drzewa, ściany kanałów monsunowych, błotniste brzegi, obszary skaliste w namorzynach lub w ich pobliżu

Rys. 2: Charakterystyka *N. articulata*

Ekstrakcja próbki

Wybór odpowiedniej procedury ekstrakcji może zwiększyć wydajność związków przeciwutleniających w stosunku do materiału roślinnego. Opatentowano kilka technik ekstrakcji z wykorzystaniem rozpuszczalników o różnej polarności (takich jak benzyna, eter, heksan, toluen, aceton, metanol i etanol), a także technik oznaczania i stosowanych substratów (Mayer & Hamann, 2005). Związki bioaktywne ekstrahowano w zależności od ich polarności przy użyciu wody i rozpuszczalników organicznych. Stosowanymi metodami ekstrakcji były: ekstrakcja wodna, ekstrakcja dichlorometan (DCM): metanol oraz ekstrakcja metanolowa (Houssen & Jaspars, 2005; Tinu i in., 2019).

54

Tabela 2: Masa próbki ekstrahowanej przy użyciu różnych rozpuszczalników

Metoda	Waga ciała mięczaka przed ekstrakcją (g)	Masa surowej ekstrakcji po wysuszeniu (g)	Wydajność (%)	Obserwacja ekstraktów
Ekstrakcja wody	304.73	12.69	4.16	Kolor jasnoszary, postać proszku
Ekstrakcja metanole m	391.51	9.70	2.48	Kolor ciemnobrązo wy, postać lepka
Dichlorometan: Metanol Ekstrakcja	432.78	2.03	0.47	Kolor ciemnozielon y, lepki formularz

Z technicznego punktu widzenia, rozpuszczalnik ekstrahował związki biologiczne ze względu na swoją polarność. Dlatego w każdej ekstrakcji wyodrębniono inny związek bioaktywny. W tabeli 2, pokazano masę surowego ekstraktu dla każdego z rozpuszczalników. Związek biologiczny został wyekstrahowany najbardziej przy użyciu wody jako rozpuszczalnika. Woda była ogólnie znana jako uniwersalny rozpuszczalnik. W oparciu o wynik, może to wskazywać, że składniki cząsteczki w gatunku były bardziej rozpuszczalne w rozpuszczalniku polarnym. Jednakże, roztwór, który został wyekstrahowany przez wodę nie oznacza, że posiada największe właściwości przeciwutleniające, ponieważ zostały one określone tylko trzema oddzielnymi metodami: dot-blot, metodą aktywności zmiatania oraz tiocyjanianem żelaza (FTC).

Badanie przeciwutleniaczy
Szybkie badanie antyoksydantów przy użyciu Dot-Blot i barwienia DPPH
Szybkie badanie antyoksydantów metodą Dot-Blot i barwienia DPPH zostało opisane przez Soler-Rivas i wsp. (2000) z niewielkimi modyfikacjami. Metoda Dot-Blot i barwienie DPPH była pierwszą metodą, która została zastosowana do badania właściwości przeciwutleniających w niniejszej pracy. Różne rodzaje ekstraktów rozpuszczalnikowych o stężeniu 10 mg/ml umieszczano na płytce TLC, a właściwości przeciwutleniające wykrywano po barwieniu DPPH. Pojawienie się białych plam wskazuje na obecność antyoksydantów różnych ekstraktów z próbek w dot blot (Huang i in., 2005). Metoda ta opierała się na hamowaniu akumulacji utlenionych związków, ponieważ dodatek przeciwutleniaczy hamował generowanie wolnych rodników.

Witamina C została użyta jako kontrola w tym eksperymencie. Wszystkie ekstrakty wykazały pozytywny wynik, jednak różniły się one nieco intensywnością. Intensywność białego/żółtego zabarwienia zależała od ilości i charakteru zmiatacza rodników obecnego w ekstrakcie (Rahman i in., 2015). Pojawienie się biało-żółtej plamy w ekstraktach metanolowych i DCM: metanol wskazywało, że próbki te wyekstrahowały związki antyoksydacyjne o wysokiej intensywności. Natomiast niska intensywność związków przeciwutleniających została wyekstrahowana przy użyciu wody jako rozpuszczalnika (Tabela 3).

Test ilościowy
Aktywność wymiatająca wolne rodniki
Metoda ta jest obecnie popularna w oparciu o wykorzystanie stabilnego wolnego rodnika difenylopikrylohydrazylu (DPPH). Celem pracy była ocena zmiatającego działania ekstraktów z *N.*

articulata, z różnych ekstrakcji rozpuszczalnikowych, poznanie podstaw metody, a także zrozumienie zastosowania parametru "EC50" (równoważne stężenie dające 50% efektu), który był obecnie używany w interpretacji danych eksperymentalnych z metody.

2,2-difenylo-1-pikrylohydrazyl został scharakteryzowany jako wolny rodnik w wyniku delokalizacji elektronu zapasowego nad cząsteczką jako całością, tak że cząsteczki nie dimeryzowały, jak w przypadku większości innych wolnych rodników. Delokalizacja spowodowała również powstanie głębokiego fioletowego koloru, charakteryzującego się pasmem absorpcji w roztworze metanolu skupionym wokół 515 nm (Molyneux, 2004). Gdy roztwór DPPH zmieszano z roztworem substancji mogącej oddać atom wodoru, powstawała forma zredukowana z utratą fioletowego zabarwienia. Stan ten wskazuje, że rodnik DPPH jest zmiatany przez antyoksydanty poprzez oddanie wodoru, tworząc zredukowany DPPH-H.

Tabela 3: Aktywność antyoksydacyjna różnych ekstraktów rozpuszczalnikowych z *N. articulate*

Aktywność oczyszczająca (%) = [1-(absorbancja próbki/absorbancja próby ślepej)] x 100			
Stężenie (µL)	Ekstrakt wodny (±SD)	Ekstrakt metanolow y (±SD)	Ekstrakt DCM/Metanol (±SD)
1000	4.4829 ± 0.013	6.5104 ± 0.044	7.6198 ± 0.085
500	4.2969 ± 0.008	4.9665 ± 0.017	5.2141 ± 0.028
250	3.7016 ± 0.005	4.9200 ± 0.007	3.0187 ± 0.008
125	4.3527 ± 0.005	5.0223 ± 0.024	2.4058 ± 0.024
62.5	4.1388 ± 0.01	6.9289 ± 0.038	8.9645 ± 0.044
31.3	4.5480 ± 0.008	5.6176 ± 0.021	6.1288 ± 0.055
15.6	4.3992 ± 0.01	8.2682 ± 0.059	5.4336 ± 0.044
7.8	9.0681 ± 0.063	7.4498 ± 0.036	4.2444 ± 0.022

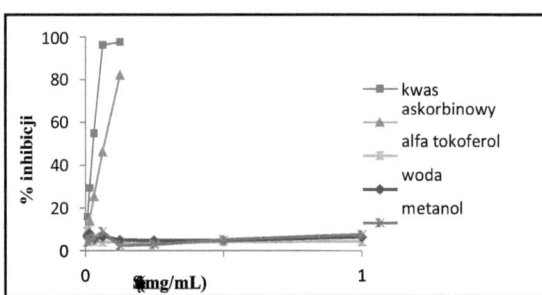

Rys. 3: Procent inhibicji, który pokazuje IC50 dla kwasu askorbinowego, alfa-tokoferolu, ekstraktu wodnego, ekstraktu metanolowego i ekstraktu dichlorometan: metanol·

Tabela 3 przedstawia aktywność antyoksydacyjną różnych ekstraktów rozpuszczalnikowych z *N. articulata*. Próbki ekstraktów (10 mg), przy użyciu różnych rozpuszczalników, reagowały z wolnym rodnikiem DPPH. Wszystkie próbki wykazywały niską aktywność przeciwutleniającą (2.4058-9.0681%). Żadna z próbek nie przekroczyła 10% aktywności antyoksydacyjnej, co jak aktywność antyoksydacyjna N. articulata była niewystarczająca. *N. articulata* była niewystarczająca. Poza tym, nie można określić stężenia dla trzech próbek, ponieważ wykres na rysunku 3 nie osiągnął 50% inhibicji.

Według Manduzio i wsp. (2005) w badaniach nad stresem oksydacyjnym u mięczaków wykazano wzrost poziomu dialdehydu malonowego (MDA) z 4,48 ± 0,24 nmol/mg do 7,58 ± 0,38 nmol/mg po 168-godzinnej anoksji. W komórce gruczołu trawiennego poziom MDA wzrósł ponad trzykrotnie (z 2,7 ± 0,14 nmol/mg do 8,48 ± 0,43 nmol/mg). Ta statystyka wykazała, że poziom peroksydacji lipidów był prawie taki sam u *Nerita articulata*.

Zaproponowano wiele metod i ich modyfikacji w celu oceny aktywności przeciwutleniającej i wyjaśnienia sposobu działania antyoksydantów. Spośród nich, do oceny aktywności przeciwutleniającej ekstraktów najczęściej stosuje się test DPPH, test zdolności redukcyjnej, chelatowania jonów metali oraz test wygaszania aktywnych form tlenu (Nadieżda, 2008). Maksimum absorpcji stabilnego rodnika DPPH w metanolu znajdowało się przy długości fali 517 nm. Spadek absorbancji rodnika DPPH spowodowany działaniem antyoksydantów, w wyniku reakcji pomiędzy cząsteczkami antyoksydantów a rodnikiem, postępuje, co prowadzi do zmiatania rodnika przez donorowanie wodoru. Jest to zauważalne wizualnie jako odbarwienie z koloru fioletowego na żółty.

Oznaczenie tiocyjanianu żelaza (FTC)

Test tiocyjanianu żelaza (FTC) określa ilość nadtlenków powstających w początkowych etapach utleniania, które są pierwotnymi produktami utleniania i reprezentuje warunki *in vivo*. W porównaniu z testem DPPH, wolny rodnik DPPH był rodnikiem syntetycznym lub rodnikiem *in vitro,* co oznacza, że nie występował w organizmie człowieka. Ten test był znaczący, ponieważ reprezentował to, co dzieje się w ludzkim ciele. Surowe ekstrakty, które wykazywały charakter antyoksydacyjny zmiatacza wolnych rodników nie oznaczały, że będą prawidłowo funkcjonować w organizmie człowieka. Istniała możliwość, że związki te po zmiataniu rodników stały się prooksydantami. Prooksydacja to stan, w którym antyoksydant sam staje się wolnym rodnikiem i bezpośrednio powoduje propagację reakcji łańcuchowej. Jeśli surowy hamował wysoko w tym teście FTC, związek mógł być uznany za bezpieczny do spożycia.

Mieszaninę reakcyjną kwasu linolowego, etanolu, buforu fosforanowego i przeciwutleniacza (próbka i wzorzec) inkubowano w temperaturze 40°C, a wartość nadtlenku mierzono absorbancją przy 500 nm po reakcji FeCl3 z tiocyjanianem. W tym teście kwas linolowy (RCOOH) został zredukowany przez Fe2+ do wolnego rodnika (RO-), podczas gdy sam jon żelaza ulega procesowi utleniania do Fe3+. Następnie jon Fe3+ reaguje z jonem tiocyjanianowym (SCN)· dając kompleks Fe(SCN)$_3$ w postaci jasnoczerwonej barwy. Intensywność absorpcji kompleksu Fe(SCN)$_3$ zmierzono za pomocą spektrofotometru. Niskie wartości absorbancji odpowiadające wysokiemu procentowi inhibicji wskazują, że próbka może hamować peroksydację lipidów· Niskie wartości absorbancji odpowiadające wysokiemu procentowi zahamowania wskazują, że próbka może hamować peroksydację lipidów (Deny i in., 2006).

Zbadano antyoksydacyjne działanie ekstraktu z gatunku *Nerita* oraz witaminy E na peroksydację kwasu linolowego, a wyniki przedstawiono w tabeli 3 i na rysunku 4.

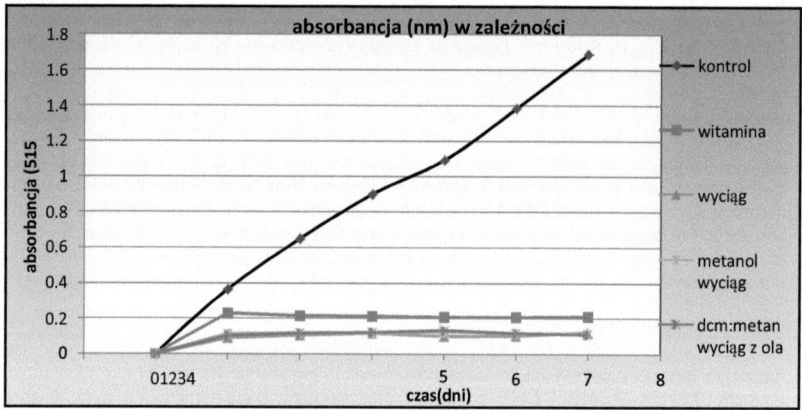

Rysunek 4: Absorbancja ekstraktów w stężeniu 4 mg/mL przy użyciu metody FTC. Wyniki dotyczą podwójnych pomiarów

Zakresy absorbancji zarejestrowane dla próbki, witaminy E i kontroli wynosiły $0,0629 \pm 0,003$ - $0,1269 \pm 0,001$, $0,000$ - $2,113$ i $0,1692 \pm 0,001$ - $0,2084 \pm 0,002$, odpowiednio. Z wykresu wynika, że absorbancja wszystkich próbek wzrastała wraz z upływem czasu. Badanie przerwano po wystąpieniu spadku absorbancji. Wykres wykazał silne hamowanie peroksydacji lipidów przez ekstrakty z próbki *Nerita*. Wykres dla próbki był poniżej wykresu dla witaminy E, co oznacza, że próbka była silniejszym inhibitorem niż witamina E.
E. Ponadto, procent inhibicji wszystkich surowych ekstraktów był zbliżony nawet poniżej wykresu witaminy E, co oznacza, że próbki zawierały silny inhibitor peroksydacji lipidów (Rysunek 4).

Każdy z ekstraktów wykazywał silną aktywność antyoksydacyjną w hamowaniu peroksydacji kwasu linolowego w stężeniu 4 mg/ml, w porównaniu z kontrolą ($p < 0,05$), oraz istotnie wydłużał okres indukcji autooksydacji kwasu linolowego. Na podstawie wyników FTC stwierdzono, że procentowe zahamowanie peroksydacji w układzie kwas linolowy przez 10 mg ekstraktów wodnych, metanolowych i DCM: metanol wynosi $92,66 \pm 0,02\%$,
$93,19 \pm 0,003\%$ i $93,4932 \pm 0,007\%$ odpowiednio po ośmiu dniach badań. Wartości te były istotnie ($p < 0,05$) wyższe niż te wykazywane przez 1 mg α-tokoferolu (87,5%). W podobnym doniesieniu Xiu i wsp. (2019), stwierdzono, że ekstrakt z mięczaka, *Tergillarca granosa* również silnie hamuje peroksydację lipidów.

PODSUMOWANIE
Na podstawie wyników badań stwierdzono, że *N. articulata* wykazuje znaczącą aktywność przeciwutleniającą. Dane dotyczące procedur ekstrakcji i oceny aktywności antyoksydacyjnej uzyskane z ekstraktów DCM: metanol, metanol i woda, sugerują, że *N. articulata* jest obiecującym źródłem do izolacji naturalnych związków antyoksydacyjnych. Można stwierdzić, że wszystkie ekstrakty mogą być wykorzystane jako dostępne źródło naturalnych przeciwutleniaczy, co w konsekwencji może przynieść korzyści zdrowotne. Niemniej jednak, sugeruje się przeprowadzenie

dalszych badań w celu zapewnienia właściwości leczniczych ślimaków wraz z innymi bioaktywnościami, takimi jak działanie przeciwzapalne, cytotoksyczne, przeciwnowotworowe, przeciwmalaryczne, przeciwbólowe, antyalergiczne i przeciwnadciśnieniowe.

REFERENCJE

Anand, P.T., Chellaram, C., Kumaran, R. and Shanthini, C. F. (2010). Biochemiczny skład i aktywność antyoksydacyjna *mięsa Pleuroploca trapezium*. J. Chem. Pharm. Res., 2: 526-535.

Brand-Williams, W., Cuvelier, M. E., and Berset, C. (1995) Use of a free radical method to evaluate antioxidant activity. *LWT-Food* Science and Technology. 28(1): 25–30.

Benkendorff, K., C.M. McIver i C.A. Abbott (2011). Bioactivity of the murex homeopathic remedy and of extracts from an Australian murcid molluks against human cancer cells. Evidence-Based Complementary and Alternative Medicine, Article ID 879585, 12 stron. https://doi.org/10.1093/ecam/nep042

Bhakuni, D. S. i Rawat, D. S. (2005). Bioaktywne morskie produkty naturalne. Springer, New York and Anamaya Publishers, New Delhi, India. p 26-63.

Bouchet, P. & J.-P. Rocroi (2005). Classification and nomenclator of gastropod families. Malacologia 47: 1-397.

Chellaram, C. i Edward. J. K. P. (2009). Antinociceptive assets of coral associated Gastropod, *Drupa margariticola*. Int. J. Pharmacol., 5: 236-239.

Defer, D., N. Bourgnon i Y. Fleury (2009). Screening for antibacterial and antiviral activities in three bivalve and two gastropod marine mollusks. Aquaculture. 293: 1-7.

Deny Susanti, Hasnah M. Sirat, Farediah Ahmad, Rasadah Mat Ali, Norio Aimi, Mariko Kitajima (2007). Antyoksydacyjne i cytotoksyczne flawonoidy z kwiatów Melastoma malabathricum L. Food Chem. 107(3) 710-716

Houssen, W. E. i Jaspars, M. (2005). Natural Products Isolation, Second Edition, Methods in Biotechnology, Humana Press, 20, 353-390.

Huang, D. J., Chen, H. J., Lin, C. D. &Lin, Y. H. (2005). Antioxidant and antiproliferative activities of water spinach (Ipomoea aquatic Forsk) constituents. *Bot. Bull. Acad. Sin*. 46, 99-106.

Malve, H (2016). Exploring the ocean for new drug developments: marine pharmacology. J. Pharm. Bioallied Sci. 8(2): 83-91. Doi: 10.4103/0975-7406.171700

Molyneux, P. (2004). Wykorzystanie stabilnego wolnego rodnika difenylopikrylohydrazylu (DPPH) do oceny aktywności przeciwutleniającej. Songklanakarin. *J. Sci. Technol*. 26, 211-219.

Xiu, R. Y., Yi, . Q., Yu, Q. Z., Chang, F. C. i Wang, B. (2019). Oczyszczanie i charakterystyka peptydu antyoksydacyjnego pochodzącego z hydrolizatu białkowego małży morskiej Tergillarca granosa. Mars Drugs. 17(5), 251-266.

Nagash, Y.S., R.A Nazeer, and N.S. Sampath Kumar (2010). In vitro antioxidant activity of solvent extracts of mollusks (Loligo duvauceli and Donax strateus) from India. World J. Fish. Mar. Sci., 2: 240-245. Rahman, M. M., Islam, M. B., Biswas, M. and Alam, A. H. M. K. (2015). In vitro antioxidant and free radical scavenging activity of different parts of Tabebuia pallida growing in Bangladesh. BMC Res. Uwagi. 8: 621. DOI 10.1186/s13104-015-1618-6

Siraprapha, P., Soranan, W. i Pobporn, T. (2016). Molluscan Fauna in Bang Taboon Mangrove Estuary, Inner Gulf of Thailand: Implications for conservation and sustainable use of coastal resources: p. 1-. 5. MATEC Web of Conferences. CCBS 2016.

Sies H (1997). Stres oksydacyjny: oksydanty i antyoksydanty. *Exp Physiol* 82 (2): 291-295.

Siong Kiat Tan and Reuben Clements (2008) Taxonomy and distribution of the Neritidae (Mollusca: Gastropoda) in Singapore. Zoological Studies 47(4): 481-494.

Soler-Rivas, C., Espin, J.C. i H.J. Wichers (2000). An easy and fast test to compare total free radical scavenger capacity of foodstuffs. *Phytochem. Anal*. 11, 330-338.

Solé, M., Porte, C., Albaigés, J. (1994) Mixed function oxygenase system components and antioxidant enzymes in different marine bivalves: its relation with contaminant body burdens. Aquat Toxicol

30:271-283

Tan, S. K. and Clements, R. (2008) Taxonomy and distribution of the neritidae (Mollusca: Gastropoda) in Singapore.

Tinu, Odeleye, William Lindsey i White, Jun Lu (2019). Techniki ekstrakcji i potencjalne korzyści zdrowotne związków bioaktywnych z morskich mięczaków: przegląd. Journal of Food Function. 22:10(5):2278-2289.

Subhapradha, N., Ramasamy, P., Sudharsan, S., Seedevi, P., Moovendhan, M., Dharmadurai, D., Vasanth Kumar, S., Vairamani, S. and Shanmugam, A. (2013) Antioxidant potential of crude methanolic extract from whole body tissue of *Bursa spinosa*. Proceedings of the National conference-USSE- 2013, TBML College, Porayar-609307, Nagai-Dt, Tamil Nadu, South India. 163-167.

Bakterie odporne na metale ciężkie z osadów morskich w Pantai Balok, Pahang, Malezja

Munira Haniff1, Zaima Azira Zainal Abidin1*.
1Wydział Biotechnologii, Kulliyaah of Science, Międzynarodowy Uniwersytet Islamski w Malezji
Autor korespondencyjny: zzaima@iium.edu.my

ABSTRACT

Zanieczyszczenie metalami ciężkimi, szczególnie w wodach przybrzeżnych, stało się kwestią budzącą poważne obawy na arenie międzynarodowej. Zanieczyszczenie metalami ciężkimi nie tylko wpływa na jakość wody i gleby, ale także na zwierzęta i rośliny oraz mikroorganizmy zamieszkujące obszar przybrzeżny. Celem niniejszej pracy była izolacja bakterii opornych na metale ciężkie z osadów morskich Pantai Balok, jako próba oceny możliwego zanieczyszczenia metalami ciężkimi występującymi na tym obszarze, jak również w poszukiwaniu potencjalnych kandydatów do bioremediacji. Łącznie uzyskano 33 izolaty, które poddano testowi oporności na metale ciężkie: chrom (Cr), nikiel (Ni), miedź (Cu), kobalt (Co), kadm (Cd). Wyniki wykazały, że prawie wszystkie izolaty wykazywały wysoką tolerancję na Cr, Ni, Co i Cu, ale niską na Cd. Profil oporności na metale ciężkie związany z Pantai Balok kształtował się w następującej kolejności: Cr > Ni > Co > Cu > Cd. Pięć izolatów, a mianowicie PB1, PB9, PB17, PB18 i PB 33 wykazywało silną odporność na metale ciężkie, a ich tożsamość określono za pomocą sekwencjonowania genu 16S rRNA. PB1 był blisko spokrewniony z *Stenotrophomonas maltophilia* (99%), natomiast PB9 z *Staphylococcus pasteuri* (98%). Izolaty PB17 i PB18 były bardzo podobne odpowiednio do *Bacillus pumilus* (99%) i *Bacillus sp.* (99%), natomiast PB33 to *Pseudomonas aeruginosa* (99%). Obecność bakterii opornych na metale ciężkie może wskazywać na występowanie zanieczyszczeń metalami ciężkimi w wodach przybrzeżnych Pahang i stanowić potencjalne zagrożenie dla zdrowia społeczeństwa.

Słowa kluczowe: Bakterie odporne na metale ciężkie, Bakterie, Osad morski, Gen 16S rRNA

WPROWADZENIE

Rozszerzenie działalności urbanizacyjnej w dzisiejszych czasach sprawiło, że obszar przybrzeżny stał się niezdrowym stanem, w którym liczne chemikalia, takie jak metale ciężkie i pestycydy, zostały użyte i zrzucone do obszaru przybrzeżnego. Metale ciężkie są jednym z głównych źródeł zanieczyszczenia środowiska ze względu na ich zrzut ścieków do środowiska przez ogromną liczbę działań przemysłowych, takich jak przetwarzanie metali, górnictwo i inne (Yang et al. 2018; Yamina et al. 2012). Metal ciężki to każdy metal lub metaloid stanowiący zagrożenie dla środowiska, który ma również toksyczne pierwiastki chemiczne i ich odchylone związki chemiczne. Posiada on kryteria gęstości od powyżej 3,5 g/cm3 do powyżej 7 g/cm3 (Nies 1999). Mimo to nie można zaprzeczyć, że niektóre z tych metali ciężkich są niezbędne do życia, takie jak miedź, żelazo i cynk. Natomiast inne metale ciężkie, takie jak arsen, kadm, rtęć i srebro nie pełnią żadnej roli biologicznej w organizmach i są szkodliwe nawet w bardzo niskich stężeniach (Alam et al. 2011). W środowisku wodnym metale ciężkie mają tendencję do gromadzenia się w osadach. Ponieważ metale ciężkie są gwałtownie uwalniane do środowiska, łączą się z cząstkami stałymi i ostatecznie osadzają się na dnie osadów (Chapman et al. 1998). Ponadto, zanieczyszczenie środowiska morskiego metalami ciężkimi staje się problemem ze względu na ich zdolność do akumulacji w łańcuchu pokarmowym. Co więcej, wiele działań człowieka doprowadziło do akrecji metali w środowisku, a ostatecznie są one akumulowane poprzez łańcuch pokarmowy i prowadzą do poważnych problemów zdrowotnych i ekologicznych (Mohammadi et al. 2019; Vareda et al. 2019; Hou et al. 2018; Deng i Wang 2012).

Mikroorganizmy są bardzo wrażliwe na niskie stężenie metali ciężkich, jednak ze względu na pewne specyficzne warunki siedliskowe mogą szybko próbować przystosować się do tych zmian i stać się odporne na wysoką zawartość metali ciężkich (Nithya i Pandian, 2009). Drobnoustroje reagują na metale ciężkie poprzez różne działania, w tym transport przez błonę komórkową, biosorpcję do ścian komórkowych i uwięzienie w komórkach pozakomórkowych.

kapsuły, wytrącanie, kompleksowanie, reakcje utleniania-redukcji, wytwarzanie kultur pozakomórkowych, sekwestracja wewnątrzkomórkowa, pompy wypływu metali i biomineralizacja (Álvarez i wsp. 2013; Schütze i Kothe 2012). Zdolność mikroorganizmów do przetrwania i rozmnażania się w siedlisku skażonym metalami zależy od adaptacji genetycznej lub fizjologicznej, ponieważ bakterie oporne na metale ciężkie są powszechnie kodowane przez geny lub plazmidy i transpozony i mogą one regularnie przenosić się międzygeneracyjnie, międzyspecyficznie z mikroflory in situ do mikroflory autochtonicznej (Malik i Aleem 2011). Przykłady genów oporności na metale ciężkie (MRGs) obejmują geny oporności na miedź (*copA, copB, pcoA, pcoC,* i *pcoD), geny oporności na* arsen (*arsB i arsC),* geny oporności na nikiel, ołów i chrom *(*odpowiednio *nccA, pbrT,* i *chrB)* (Chen et al. 2019).

Pantai Balok to słynna plaża położona nad Morzem Południowochińskim, która obok Teluk Chempedak i Pantai Batu Hitam uważana jest za jedną z atrakcji turystycznych w Pahang. Jednakże, podkreśla się, że obszar przybrzeżny był zanieczyszczony przez wyrzucanie odpadów i źle monitorowany. Działania antropogeniczne, takie jak zagospodarowanie terenu w strefie przybrzeżnej, nieoczyszczone ścieki bytowe i przemysłowe, wycieki ropy naftowej lub nielegalne zrzuty ścieków mogą przyczyniać się do zanieczyszczenia wód morskich wybrzeża stanu Pahang. Status bakterii odpornych na metale ciężkie w osadach Pantai Balok jest stosunkowo nieznany, ponieważ nie prowadzono badań w tym obszarze. W związku z tym, niniejsze badanie zapewnia wgląd w bakterie odporne na metale ciężkie obecne w osadach morskich Pantai Balok. Co więcej, identyfikacja bakterii odpornych na metale ciężkie może być wykorzystana jako biologiczny wskaźnik skażenia metalami ciężkimi i kandydat do zastosowania w bioremediacji w przyszłości.

MATERIAŁY I METODY
Pobieranie próbek osadów
Próbki osadów morskich pobrano za pomocą chwytaka Ponar z obszaru plaży Balok w trzech różnych stacjach, a mianowicie w Stacji 1, Stacji 2 i Stacji 3. Tabela 1 opisuje współrzędne, głębokość i pH obszaru pobierania próbek. Każda ze stacji znajdowała się w odległości 30 m od siebie. Wszystkie zebrane próbki osadów zostały przeniesione do sterylizowanej plastikowej torebki polietylenowej i natychmiast przetworzone.

Tabela 2.1: Stacja poboru próbek i współrzędne obszaru Pantai Balok

Lokalizacja	Współrzędne	Głębokość	pH
Stacja 1	N 03 '55.768 E 103' 23.395	4.2 m	6.9
Stacja 2	N 03'56.115 E 103'23.536	3.4 m	6.0
Stacja 3	N 03'56.397 E 103'23. 660	3.4 m	6.6

Izolacja bakterii z próbek osadów morskich
Bakterie z próbek osadów izolowano przy użyciu techniki płytek rozprzestrzeniających (Zainal Abidin i wsp. 2018). Jeden gram próbek osadów mieszano z 10 ml roztworu soli fizjologicznej. Następnie zhomogenizowane próbki rozcieńczono seryjnie (10-2 do 10-5) i 100 μl każdego rozcieńczenia posiano na agar odżywczy w dwóch egzemplarzach. Posiane próbki inkubowano przez 48 godzin w temperaturze 37°C. Po inkubacji odpowiednie kolonie oczyszczano na pożywce agarowej. Wszystkie izolaty wybarwiono metodą Grama i zanotowano ich cechy morfologiczne.

Test odporności na metale ciężkie

62

Oporność otrzymanych szczepów bakterii na metale ciężkie określono przy użyciu agaru Mueller Hinton uzupełnionego różnymi stężeniami pięciu różnych metali ciężkich (Cd2+, Cu2+, Cd2+, Co2+, Ni2+) w postaci soli chlorkowych. Początkowe stężenie metali ciężkich wynosiło 20 µg/ml, a stężenie metali ciężkich zwiększano stopniowo o 10 µg/ml do momentu, gdy izolaty nie wykazywały wzrostu. Minimalne stężenie hamujące (MIC) odnotowywano, gdy izolaty nie rosły na płytkach nawet po 5 dniach inkubacji. Badanie przeprowadzono w dwóch egzemplarzach.

Reakcja łańcuchowa polimerazy (PCR) amplifikacja genu 16S rRNA
Izolaty wykazujące zdolność do oporności na metale ciężkie poddano identyfikacji molekularnej z wykorzystaniem sekwencji genu 16S rRNA. Genomowe DNA izolatów ekstrahowano przy użyciu zestawu GF-1 bacterial DNA Extraction Kit (Vivantis) zgodnie z protokołami producenta. Amplifikację PCR genu 16S rRNA przeprowadzono przy użyciu następujących zestawów starterów: 27F 5'-AGTTGATCCTGCTCTCAG-3' i 1492R 5'- GGTTACCTTGTTACGACTT-3'. Reakcje PCR przeprowadzono w końcowej objętości 50 µl, na którą składało się 200 ng matrycy DNA, 25 µl MyTaq™ Mix 2X (Bioline, UK) oraz 0,4 µM primerów w następujących warunkach: wstępna denaturacja w 94°C przez 5 min, następnie 30 cykli w 94°C przez 30 s, 55°C przez 60 s i 72°C przez 4 min; oraz etap przedłużania w 72°C przez 10 min. Produkty amplifikacji zostały potwierdzone przy użyciu 1% żelu agarozowego i wysłane do [1st] Base Laboratory, Malezja w celu oczyszczenia i sekwencjonowania. Uzyskane sekwencje genu 16S rRNA zostały ręcznie zweryfikowane i zredagowane przy użyciu edytora wyrównywania sekwencji BioEdit. Analiza częściowych sekwencji nukleotydowych izolatów została przeprowadzona przy użyciu narzędzia wyszukiwania GenBank BLASTn.

WYNIKI I DYSKUSJA
W sumie uzyskano 33 izolaty z 3 punktów poboru próbek, a większość (~75%) izolatów należała do bakterii Gram ujemnych (Tabela 2). Większość kolonii bakterii miała kolor biały i kremowy, a nieliczne izolaty wykazywały inne kolory, takie jak brzoskwiniowy, żółty i pomarańczowy. Morfologia kolonii i barwienie metodą Grama reprezentatywnych izolatów z każdego punktu poboru próbek są przedstawione na Rysunkach 1-3.

Tabela 2.2: Rozkład bakterii Gram-dodatnich i Gram-ujemnych w zależności od miejsca pobrania próbki

Lokalizacja	Bakterie Gram dodatnie	Bakterie Gram ujemne
Punkt 1	10	3
Punkt 2	9	3
Punkt 3	6	2
Ogółem	25	8

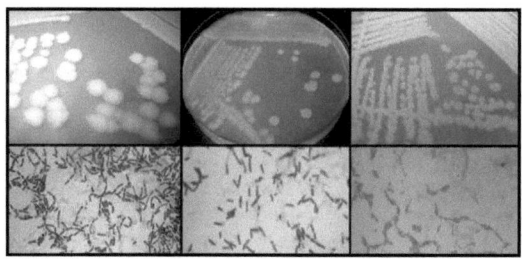

Rys. 1: Reprezentatywne izolaty z punktu 1

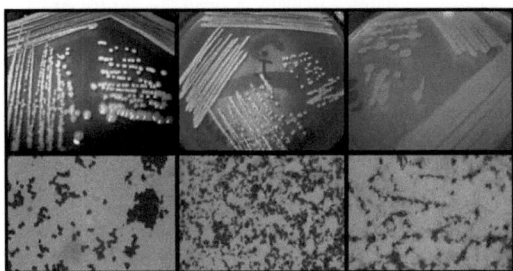

Ryc. 2: Reprezentatywne izolaty z punktu 2

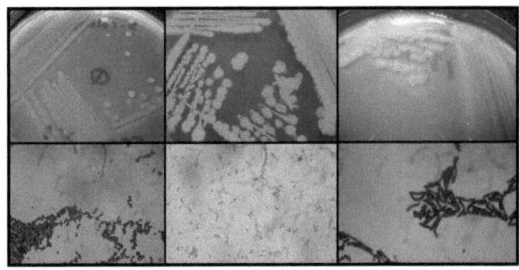

Rys. 3 Reprezentatywne izolaty z punktu 3

W niniejszej pracy u wszystkich izolatów stwierdzono MIC > 450 µg/ml dla Cr, co wskazuje, że bakterie te posiadały silną tolerancję na Cr (tab. 3). W kilku badaniach wykazano, że niektóre z wyizolowanych bakterii mogą ewentualnie tolerować stężenie Cr do 1000 µg/ml (Sair i Khan 2017; Yamina i wsp. 2012). Jeśli chodzi o Ni, prawie wszystkie izolaty wykazywały MIC > 450 µg/ml z wyjątkiem PB5 i PB24, przy czym MIC dla obu izolatów wynosiło 450 µg/ml. Dwie trzecie izolatów wykazało MIC > 450 µg/ml dla Co, podczas gdy MIC dla pozostałych izolatów mieściły się w zakresie 200-400 µg/ml. Większość izolatów (72,7%) wykazała MIC > 450 µg/ml dla Cu, podczas gdy pozostałe mieściły się w zakresie 100 - 400 µg/ml. Bakterie oporne na metale ciężkie są uważane za biologiczne wskaźniki skażenia danego miejsca metalami ciężkimi. Ponadto, bakterie te potencjalnie przyczyniają się do biogeochemicznego obiegu metali ciężkich w środowisku. Wysoka tolerancja na Cr, Ni, Cu i Co przez większość izolatów bakterii może sugerować możliwość skażenia tymi metalami ciężkimi w Pantai Balok. Fakt, że obszar przemysłowy Gebeng znajduje się w odległości zaledwie kilku kilometrów od Pantai Balok może być również czynnikiem przyczyniającym się do tej obserwacji. Nietypowa odporność na Cr może być związana z zanieczyszczeniem Cr na tym konkretnym obszarze. Cr jest szeroko stosowany w przemyśle jako galwanizacja, stop, garbowanie skór zwierzęcych, barwniki tekstylne i zaprawy, a działania te w konsekwencji doprowadziły do zwiększonego zanieczyszczenia środowiska Cr (Oliveira 2012).Obecność Ni w osadach morskich Pantai Balok może być związana ze ściekami przemysłowymi, stosowaniem nawozów, nawadnianiem ściekami i osadami ściekowymi. Wysokie stężenie Ni prowadzi do powstania dużej liczby szczepów odpornych na nikiel w społeczności bakteryjnej zamieszkującej osady morskie (Mengoni et al. 2001). Zanieczyszczenie Co można przypisać emisji związków kobaltu podczas spalania węgla kamiennego, a przemysł petrochemiczny, naftowy, metalurgiczny i ceramiczny spowodował znaczną akumulację Co w osadach morskich (Kosiorek i Wyszkowski 2019). Zanieczyszczenie Cu następowało najczęściej w wyniku stosowania środków produkcji rolnej, ponieważ

że Cu jest niezbędnym mikroelementem ważnym dla wzrostu roślin, a w szczególności dla odporności na choroby i produkcji nasion (Wuana i Okiemen 2011). Wyniki uzyskane w niniejszej pracy wskazują również na zdolność tych bakterii do odporności na wiele metali ciężkich. Bakterie oporne na dany metal ciężki mogą nabywać również oporność na inne metale ciężkie. Wcześniej bakterie odporne na Cr (VI) z terenów silnie zanieczyszczonych Cr wykazywały również odporność na Cr(III), Ni, Zn, Cu, Cd i Hg (Alam i in., 2011; Verma i in., 2001). Podobnie, badanie obfitości genów oporności na metale (MRGs) w obszarze zapory miedziowej wykazało obecność wielu ciężkich MRGs, które są kodowane przez czcA, czcC, i czcD (Chen et al. 2019). Istnieją dwa różne mechanizmy współselekcji regulujące odporność na wiele metali ciężkich, które obejmują współodporność, w której genetycznie powiązane różne czynniki odpornościowe przenoszą się jednocześnie oraz odporność krzyżową, w której ten sam czynnik jest odpowiedzialny za odporność na więcej niż jeden strukturalnie odmienny związek (Baker-Austin i in., 2006).

Chociaż prawie wszystkie izolaty wykazywały wysoką tolerancję na Cr, Ni, Co i Cu, to jednak izolaty te wykazywały niską tolerancję na Cd. Najwyższe MIC odnotowane dla Cd wynosiły 300 μg/ml i 280 μg/ml dla izolatów PB17 i PB33. Najniższe MIC dla Cd wynosiło 70 μg/ml dla 3 izolatów (PB7, PB8, P23), podczas gdy MIC dla pozostałych izolatów mieściło się w zakresie 100 -140 μg/ml. Podobną obserwację odnotowali również Zainal Abidin i Chowdhury (2018) w Teluk Chempedak i Pantai Batu Hitam, z których oba znajdują się na wybrzeżu Pahang. Cd jest szeroko stosowany w wielu gałęziach przemysłu, takich jak farby, galwanizacja i stopy miedzi, celuloza i papier, baterie alkaliczne, a także górnictwo, nawozy i rafinacja cynku (USEPA 2000). Ponieważ wszystkie izolaty wykazywały niską tolerancję na Cd, obserwacja ta może wskazywać, że Pantai Balok nie jest zanieczyszczone Cd. Wzorzec oporności związany z Pantai Balok, Pahang był w postaci Cr > Ni > Co > Cu > Cd.

Tabela 3: MIC metali ciężkich w μg/ml

Odizol uj się	Chrom (μg/ml)	Kobalt (μg/ml)	Miedź (μg/ml)	Kadm (μg/ml)	Nikiel (μg/ml)
PB1	>450	>450	>450	140	>450
PB2	>450	250	400	120	>450
PB3	>450	250	>450	120	>450
PB4	>450	400	>450	140	>450
PB5	>450	300	>450	130	450
PB6	>450	>450	250	100	>450
PB7	>450	>450	>450	70	>450
PB8	>450	>450	>450	70	>450
PB9	>450	>450	>450	140	>450
PB10	>450	250	>450	100	>450
PB11	>450	250	>450	120	>450
PB12	>450	450	>450	120	>450
PB13	>450	400	>450	100	>450
PB14	>450	>450	100	100	>450
PB15	>450	>450	>450	100	>450
PB16	>450	>450	>450	120	>450
PB17	>450	>450	>450	300	>450
PB18	>450	>450	>450	140	>450
PB19	>450	>450	>450	100	>450
PB20	>450	>450	>450	100	>450
PB21	>450	>450	>450	120	>450
PB22	>450	400	>450	140	>450
PB23	>450	200	150	70	>450
PB24	>450	200	150	100	450
PB25	>450	>450	250	100	>450
PB26	>450	>450	200	100	>450
PB27	>450	>450	>450	100	>450
PB28	>450	>450	>450	100	>450
PB29	>450	>450	300	100	>450
PB30	>450	>450	>450	100	>450
PB31	>450	>450	250	100	>450
PB32	>450	>450	>450	100	>450
PB33	>450	>450	>450	280	>450

Tabela 4: Identyfikacje izolatów wykazujących wysoką odporność na metale ciężkie

Odizol uj się	MIC metalu ciężkiego w μg/ml					Najbliższy krewny	Podobień stwo (%)
	Cr2+	Co2+	Cu2+	Cd2+	Ni2+		
PB1	>450	>450	>450	140	>450	1Stenotrophomonas maltophilia szczep SJTH1	99%
PB9	>450	>450	>450	140	>450	Staphylococcus pasteuri szczep AE4-2	98%
PB17	>450	>450	>450	300	>450	Bacillus pumilus szczep NCTC10337	99%
PB18	>450	>450	>450	140	>450	Bacillus sp. szczep C81	99%

| PB33 | >450 | >450 | >450 | 280 | >450 | *Pseudomonas aeruginosa* szczep C-1 | 99% |

Identyfikację molekularną poprzez amplifikację PCR genu 16S rRNA przeprowadzono u 5 izolatów.
- PB1, PB9, PB17, PB18 i PB33, z których wszystkie wykazywały silne profile oporności na metale ciężkie. Wszystkie 5 izolatów uzyskało wysokie odczyty (>450 μg/ml) dla Cr, Ni, Co i Cu, a 3 izolaty (PB1, PB9 i PB18) uzyskały dość niskie MIC dla Cd (140 μg/ml), podczas gdy PB33 i PB17 miały wartości MIC dla Cd wynoszące odpowiednio 300 μg/ml i 280 μg/ml. Udało się uzyskać amplifikację PCR genu 16S rRNA (~1,500 bp) dla tych izolatów, a częściowe sekwencje genu 16S rRNA porównano z bazą danych NCBI (Tabela 4). Częściowa sekwencja genu 16S rRNA wskazała, że PB1 był blisko spokrewniony z *Stenotrophomonas maltophilia* z 99% podobieństwem, podczas gdy PB9 jest wysoce podobny do *Staphylococcus pasteuri* (Tabela 4). *Stenotrophomonas maltophilia* jest bakterią Gram-ujemną, a szczepy *S. maltophilia* są wszechobecne w środowisku, w tym w wodach przybrzeżnych. *S. maltophilia* może być przyczyną zakażeń szpitalnych u pacjentów z obniżoną odpornością i jest naturalnie oporna na wiele antybiotyków o szerokim spektrum działania, takich jak cefalosporyny, karbapenemy i aminoglikozydy. W kilku badaniach odnotowano występowanie *S. maltophilia* opornego na metale ciężkie (Baldiris i wsp. 2018; Raman i wsp. 2018; Pages i wsp. 2008), wskazując na zdolność tej bakterii do oporności na metale ciężkie obok oporności na antybiotyki. Izolaty PB17 i PB18 okazały się należeć do rodzaju *Bacillus,* przy czym PB17 jest blisko spokrewniony z *B. pumilus,* natomiast izolat PB33 zidentyfikowano jako *Pseudomonas aeruginosa na* podstawie częściowej sekwencji genu 16S rRNA. Wynik ten jest zgodny z innymi wynikami badań (Zainal Abidin i wsp. 2020; Dweba i wsp. 2019; Pereira i Ramaiah 2019; Verma i wsp. 2017; Fierros-Romero i wsp. 2016), które wykazały, że szczepy *Bacillus* sp., *Pseudomonas* sp. i *Staphylococcus* sp. posiadają zdolność do oporności na wiele metali. *Bacillus* sp. jest Gram dodatnią bakterią o kształcie pręcika i może być izolowana z różnych środowisk, w tym od ludzi i zwierząt. Jayanthi i wsp. (2016) odnotowali występowanie *B. pumilus* całkowicie opornego na szereg metali ciężkich (Pb, Hg, Cd, Cr. Mn, Zn, Al, Fe). *P. aeruginosa* jest Gram-ujemną bakterią szeroko rozpowszechnioną w środowisku, jak również w różnych organizmach żywych gospodarzy. Ponadto, bakteria ta jest najczęstszą przyczyną zakażeń oportunistycznych u ludzi. *P. aeruginosa* powszechnie wykazuje oporność na wiele antybiotyków, znana jest również jej zdolność do oporności na metale ciężkie. Na przykład, P. aeruginosa ASU 6a wyizolowana z siedliska silnie zanieczyszczonego metalami wykazała wysoki stopień tolerancji na Pb^{2+}, Cd^{2+}, Cr^{6+} i Ni^{2+} oraz oporność na kilka antybiotyków (Hassan et al. 2008). *S. aureus* jest jednym z najważniejszych patogenów ludzi i zwierząt. MRSA (Methicillin resistant *S. aureus*) jest notorycznie występującym patogenem, a
częstą przyczyną w zakażeniach szpitalnych i jest oporny na wiele antybiotyków. Badania przeprowadzone przez Dweba et al. (2019) wykazały, że izolaty *S. aureus* były oporne na wysokie stężenia Cd, Zn, Pb i Cu. Wszystkie 5 izolatów ma potencjał do wykorzystania w zastosowaniach biotechnologicznych i wymagane są dalsze badania w celu pełnego wykorzystania ich możliwości jako biologicznych narzędzi badawczych w miejscach skażonych metalami ciężkimi oraz w zastosowaniu w bioremediacji obszarów zanieczyszczonych metalami ciężkimi.

PODSUMOWANIE
Obecność bakterii o wysokiej tolerancji na Cr, Ni, Co i Cu z osadów morskich Pantai Balok może sugerować istnienie zanieczyszczenia metalami ciężkimi w tym miejscu. Wyniki te są przykładem wpływu działalności człowieka na środowisko morskie, który może stanowić ryzyko dla zdrowia publicznego i zagrożenie dla ekosystemu morskiego. Odpowiednie strony, w tym społeczności lokalne, mogą wymagać wprowadzenia monitoringu i egzekwowania przepisów na wybrzeżu Pahang w celu zmniejszenia wpływu działalności antropogenicznej na ekosystemy morskie. Dodatkowo, pięć izolatów (PB1, PB9, PB17, PB18 i PB33), z których wszystkie wykazywały silną odporność na metale ciężkie, ma potencjał do zastosowania w biotechnologii, szczególnie w bioremediacji miejsc zanieczyszczonych metalami ciężkimi.

REFERENCJE

Alam M.Z., Ahmad S., Malik, A. (2011). Prevalence of heavy metal resistance in bacteria isolated from tannery effluents and affected soil, *Environ. Monit. Assess.*, 178: 281-291.

Álvarez, A., Catalano, S.A., Amorosono, M.J. (2013). Szczepy odporne na metale ciężkie są szeroko rozpowszechnione wzdłuż *Streptomyces* Phylogeny. *Molecular Phylogenetics and Evolution,* 66:1083-1088.

Baker-Austin, C., Wright, M. S. , Stepanauskas, R. , J.V.McArthur, J.V. (2006). Co-selection of antibiotic and metal resistance. *Trends in Microbiology, 14(4):* 176-182.

Baldiris, R., Acosta-Tapia, N., Montes, A., Hernández, J., Vivas-Reyes, R. (2018). Reduction of Hexavalent Chromium and Detection of Chromate Reductase (ChrR) in *Stenotrophomonas maltophilia. Molecules,* 23:408 doi:10.3390/molecules23020406

Chapman, P.M. Wang, F. Janssen, C. Persoone G., Allen, H.E. (1998). Ecotoxicology of metals in aquatic sediments binding and release, bioavailability, risk assessment, and remediation. *Can. J. Fish. Aquat Sci.,* 55: 2221-2243.

Chen, J., Li, J., Zhang, H., Shi, W., Liu, Y. (2019). Bacterial Heavy-Metal and Antibiotic Resistance Genes in a Copper Tailing Dam Area in Northern China. *Front. Microbiol.* 10:1916. doi: 10.3389/fmicb.2019.01916

Deng, X., Wang, P. (2012). Isolation of marine bacteria highly resistant to mercury and their bioaccumulation process. *Bioresource Technology*, 121: 342-347.

Dweba, C.C., Zishiri, O.T., El Zowalaty, M.E. 8 (2019) Isolation and molecular identification of virulence, antimicrobial and heavy metal resistance genes in Livestock-associated methicillin resistant *Staphylococcus aureus, Pathogens*, 1-21.

Fierros-Romero, G., Gómez-Ramírez, M., Arenas-Isaac, G.E., Pless, R.C., Rojas-Avelizapa, N.G. (2016). Identification of *Bacillus megaterium* and *Microbacterium liquefaciens* genes involved in metal resistance and metal removal, *Can. J. Microbiol*., 62: 505-513.

Hassan, S., H. A., Abskharon R. N. N., Gad El-Rab, S. M. F., Shoreit A. A. M. (2008). Isolation, characterization of heavy metal resistant strain of Pseudomonas aeruginosa isolated from polluted sites in Assiut city, Egypt, *Journal of Basic Microbiology,* 48:168-176.

Hou, S., Zheng, N., Tang, L., Ji, X., Li, Y., Hua, X. (2018). Charakterystyka zanieczyszczeń, źródła i ocena ryzyka zdrowotnego narażenia ludzi na zanieczyszczenia Cu, Zn, Cd i Pb w miejskim pyle ulicznym w całych Chinach w latach 2009-2018. *Environment International*, 128, 430-437.

Jayanthi, B., Emenike C.U., Agamuthu, P., Khanom Simarani, Sharifah Mohamad, Fauziah, S.H. (2016). Selected microbial diversity of contaminated landfill soil of Peninsular Malaysia and the behavior towards heavy metal exposure, *Catena* 147: 25-31

Malik, A., Aleem, A. (2011). Incidence of metal and antibiotic resistance in *Pseudomonas* spp. from the river water, agricultural soil irrigated with wastewater and groundwater. *Environ Monit Assess* 178: 293-308.

Mengoni, A. Barzanti, R. Gonnelli, C. Gabbrielli, R. Bazzicalupo, M. (2001). Characterization of nickel- resistant bacteria isolated from serpentine soil, *Environ. Microbiol.* , 3, 691–698.

Mohammadi, A.A., Zarei, A., Esmaeilzadeh, M., Taghavi, M., Yuosefi, M., Yousefi, Z., Sedighi, F., Javan, S. (2020) . Assessment of Heavy Metal Pollution and Human Health Risks Assessment in Soils Around an Industrial Zone in Neyshabur, Iran, *Biol Trace Elem Res*, 195, 343-352.

Nies, D.H., 1999. Microbial heavy-metal resistance. *Appl. Microbiol. Biotechnol.* 51, 730–750.

Nithya, C., Pandian, S. K. (2010). Isolation of heterotrophic bacteria from Palk Bay sediments showing heavy metal tolerance and antibiotic production. *Microbiological Research*, 165(7), 578-593.

Pages, D., Rose, J., Conrod, S., Cuine, S., Carrier, P. (2008) Heavy Metal Tolerance in *Stenotrophomonas maltophilia*. *PLoS ONE* 3(2): e1539. doi:10.1371/journal.pone.0001539

Pereira, E.J., Ramaiah N. (2019). Chromate detoxification potential of *Staphylococcus* sp., Isolates from an estuary, *Ecotoxicol.* , 28: 457–466.

Raman, N., Asokan, M., Shobana, S. Sundari, N. (2018). Bioremediation of chromium (VI) by *Stenotrophomonas maltophilia* isolated from tannery effluent. *Int. J. Environ. Sci. Technol.* 15: 207–216

Sair A.T., Khan, Z.A. (2017) Prevalence of antibiotic and heavy metal resistance in gram-negative bacteria isolated from rivers in northern Pakistan, *Water Environ. J.*, 32: 51–57.

Schütze, E., Kothe, E. (2012). Interakcje Bio-Geo w glebach skażonych metalami. In: Kothe, E., Varma, A. (Eds.), *Soil Biology* 31. Springer-Verlag, Berlin Heidelberg, pp. 163-182.

USEPA (2000) Wprowadzenie do fitoremediacji. Agencja Ochrony Środowiska Stanów Zjednoczonych, Waszyngton.

Vareda, J.P., Valente, A.J.M., Durães, L. (2019). Assessment of heavy metal pollution from anthropogenic activities and remediation strategies: A review. *Journal of Environmental Management*, 246, 101- 118.

Verma, G., Christy, N., Veer, C. (2017). Isolation and Characterization of Pseudomonas stutzeri as lead tolerant Bacteria from water bodies of Udaipur, India using 16S rDNA sequencing technique, *J. Pure Appl. Microbiol.*, 11: 975-979

Wuana, R. A., Okieimen, F. E. (2011). Heavy metals in contaminated soils: a review of sources, chemistry, risks and best available strategies for remediation. *ISRN Ecology, 2011*.

Yamina, B., Tahar, B., & Laure, F. M. (2012). Isolation and screening of heavy metal resistant bacteria from wastewater: A study of heavy metal co-resistance and antibiotics resistance. *Water Science and Technology: A Journal of the International Association on Water Pollution Research*, 66(10), 2041-8.

Yang, Q., Li, Z., Lu, X., Duan, Q., Huang, L., Bi, J. (2018). Przegląd zanieczyszczenia gleby metalami ciężkimi z regionów przemysłowych i rolniczych w Chinach: Zanieczyszczenie i ocena ryzyka. *Science of The Total Environment, 642*, 690-700.

Zainal Abidin, Z.A., Chowdhury, A.J.K. (2018). Heavy Metals and Antibiotic Resistance Bacteria In Marine Sediment Of Pahang Coastal Water. *J. CleanWAS*, 2(1): 20-22.

Zainal Abidin, Z.A., Badaruddin, P.N.E., Chowdhury, A.J.K. (2020) Isolation of heavy metal resistance bacteria from lake sediment of IIUM, *Kuantan Desalination and Water Treatment* 188: 431-435.

TOLERANCJA NA ZASOLENIE I WYDAJNOŚĆ WZROSTU

SEABAS ASYJSKI (Lates calcarifer) JUVENILES

Kim Seng, Tan1, Mohammad Tajuddin Abd Manaf1, Najiah Musa1, Kok Leong, Lee1, Nadirah Musa1* *1Faculty of* Fisheries and Food Science, Universiti Malaysia Terengganu, 21030 Kuala Nerus, Terengganu
autor korespondencyjny: nadirah@umt.edu.my

ABSTRACT
Obecne badania mają na celu określenie tolerancji i tempa wzrostu narybku labraksa azjatyckiego poddanego działaniu różnych zakresów zasolenia wody tj. 0, 5, 10, 15, 20, 25 i 30ppt. Ryby zostały również poddane badaniu wydajności wzrostu przez 15 dni. W okresie eksperymentalnym nie zaobserwowano żadnej śmiertelności. Istotnie wyższe wyniki wzrostu przyrostu długości całkowitej (TLG), przyrostu masy całkowitej (TWG) i specyficznego tempa wzrostu (SGR) zaobserwowano przy 0 i 25 ppt, odpowiednio 6,16 i 8,08%; 29,94 i 26,92% oraz 1,72 i 1,58%. Ogólnie rzecz biorąc, młode osobniki labraksa azjatyckiego hodowane przy zasoleniu 0 ppt przez 15 dni osiągnęły lepsze wartości TWG i SGR w porównaniu do 25 ppt. Dlatego też, manipulowanie poziomem zasolenia może być korzystne dla zarządzania wylęgarnią w celu zwiększenia przeżywalności i produkcji azjatyckich labraksów.

Słowa kluczowe: *Lates calcarifer*; tolerancja na zasolenie; wydajność wzrostu

WPROWADZENIE

W ciągu ostatnich kilku dekad sektor rybołówstwa ma duży potencjał, aby zapewnić ważne źródło białka dla populacji Malezji. Według FAO (2018), całkowita produkcja rybna kraju wyniosła 1,7 mln ton, a całkowita wartość przychodów z eksportu wyniosła 714,1 mln USD w 2017 roku. Ogólnie rzecz biorąc, rybołówstwo można podzielić na dwa główne komponenty, i) morskie rybołówstwo łowne, oraz; ii) akwakulturę. Jednakże rybołówstwo przemysłowe jest sektorem o największym udziale w wyładunkach ryb, który w 2007 r. wytworzył 88,3 % całkowitej produkcji, podczas gdy reszta pochodzi z akwakultury (FAO, 2018).

Asian Seabass, *Lates calcarifer* lokalnie znany jako "ikan siakap" jest tropikalnym i subtropikalnym członkiem rodziny Latidae rzędu Perciformes (Shadrin i Pavlov, 2015).Ryba ta jest szeroko rozpowszechniona w całym regionie Indo-West Pacific od Zatoki Arabskiej do południowych Chin, Papui Nowej Gwinei i północnej Australii (Nelson, 1994). Cena Asian Seabass na lokalnym rynku wzrosła do nawet RM16 za kilogram. Popyt na mintaja jest wysoki i jest on jedną z najpopularniejszych ryb wśród Malezyjczyków ze względu na jego delikatną teksturę i smaczne białe mięso.

Tarło *Lates calcarifer* w naturze trwa przez cały rok, a szczyt sezonu przypada na okres od kwietnia do sierpnia. Dorosła ryba jest żarłocznym mięsożercą, ale młode osobniki są wszystkożerne (Kungvankil i in., 1985). Wydaje się, że w okresie tarła wymagają słonej wody, jednak larwy można spotkać również w wodach słodkich. Larwy metamorfozują do narybku w wieku 8-10 mm, który można łatwo rozpoznać po zmianie koloru larw z ciemnego na brązowawy i pojawieniu się wyraźnych bocznych pasków (Dhert, Laven & Sorgeloos, 1992); a następnie przechodzą w stadium palczaków w wieku 2 do 3 tygodni (20 mm).

Akwakultura, zwłaszcza kultury ryb słonawowodnych w Malezji, ma potencjał rozwoju. Jako taki, azjatycki seabass jest ważną przybrzeżną, estuarium i słodkowodną rybą był celem gatunków kulturowych dla lokalnych hodowców ryb ze względu na jego wysoką wartość rynkową i szybkie tempo wzrostu (FAO, 2018). Niemniej jednak, sukces produkcji nasion zaczyna się od dostępności zdrowych wylęgarni i spójności wysokiej jakości masowej produkcji nasion. Jednak obecnie jakość nasion azjatyckiego seabassa jest niespójna, podczas gdy odnotowano nieodpowiednią podaż nasion zarówno z dzikiej, jak i akwakultury (Nammalwar i Marichamy, 1998).

Zasolenie wody wpływa na różne procesy fizjologiczne u ryb, takie jak metabolizm, osmoregulacja i biorytm. Ponadto, zasolenie wpływa na rozmieszczenie, wzrost i przeżywalność ryb (Varsamos et al., 2005). Ryby kostnoszkieletowe mogą utrzymywać zasolenie środowiskowe swoich płynów ustrojowych w homeostazie jonowej i osmotycznej poprzez wymagające energii procesy mechanizmów osmoregulacyjnych (Sampaio i Bianchini, 2002). Wzrost jest pozytywnym wynikiem netto energii dostarczonej przez pokarm i wydatki metaboliczne (Jobbling, 1994). Stwierdzono, że gdy zasolenie jest na optymalnym poziomie, energia netto może pomóc zwiększyć tempo wzrostu ryb (Amni i in., 2015) i zmniejszyć pracę osmotyczną (Estudillo i in., 2000). Mimo to, tylko kilka badań zostało przeprowadzonych w celu zbadania tolerancji zasolenia azjatyckiego Seabass. Dlatego też eksperyment ten został przeprowadzony w celu określenia tolerancji na zasolenie i tempa wzrostu narybku azjatyckiego labraksa (*Lates calcarifer*) poddanego różnym zabiegom zasolenia.

MATERIAŁY I METODY
Źródło młodych osobników Dobijakowate
Młode osobniki *Lates calcarifer* (50 dni po wykluciu) zakupiono od lokalnego dostawcy. U każdego z młodych osobników dokonano pomiaru masy ciała i długości ciała (średnia masa ciała 11,80 ± 3,75g; średnia długość ciała 10,26 ± 1,15cm). Eksperymenty przeprowadzono w wylęgarni morskiej, Hatchery Unit, Faculty of Fisheries and Food Science, Universiti Malaysia Terengganu.

Konfiguracja eksperymentalna
Woda morska była przechowywana w zbiornikach i filtrowana przez filtry biologiczne lub szybkie filtry piaskowe w celu utrzymania wymaganej jakości wody. Przygotowywano wody o różnym zasoleniu (5, 10, 15, 20 (kontrola), 25 i 30 ppt), rozcieńczano je słodką wodą i przechowywano w zamkniętym szklanym akwarium. Słodka woda była używana dla 0 ppt. Czternaście jednostek szklanego akwarium o pojemności 54 litrów (60 cm × 30 cm × 30 cm głębokości) przygotowano i umyto przed rozpoczęciem eksperymentu i napełniono wodą o różnym stopniu zasolenia. Do pomiaru zasolenia użytej wody użyto refraktometru. Ponadto w akwarium umieszczono delikatne napowietrzanie, aby poprawić cyrkulację wody i zapewnić ciągłe dostarczanie rozpuszczonego tlenu.

Sto czterdzieści zdrowych młodych osobników labraksa morskiego o podobnych rozmiarach przeniesiono do zbiornika zarybieniowego (210 cm × 120 cm × 74 cm głębokości) o pojemności 350 L, wypełnionego napowietrzoną wodą o ciśnieniu 20 ppt w celu aklimatyzacji przez okres 1 tygodnia. Po przybyciu ryby początkowo głodzono i poddawano działaniu 10 ml jodyny 5 ppm w celu wstępnego leczenia w ciągu 5 godzin, a następnie kontynuowano aklimatyzację w wodzie o temperaturze 20 ppt. Po 24 godzinach ryby karmiono dwa razy dziennie komercyjnym granulatem z ryb morskich (43% surowego białka, 6% surowego tłuszczu i 12% wilgoci) w ilości 2,0% m.c.

Tolerancja zasolenia
Pierwszy eksperyment został przeprowadzony w celu określenia wpływu zasolenia wody na przeżywalność młodych osobników azjatyckiego labraksa. Przed próbami zasolenia wody, młode osobniki były głodzone przez 24h. Ich długość całkowita (TL) i masa ciała (BW) zostały zarejestrowane. Przygotowano szklane akwaria o różnym zasoleniu wody; w replikach. W sumie 70 młodych ryb zostało równomiernie rozdzielonych do 14 akwariów (n=5) i przetrzymywanych przez 48 godzin. Ryby nie były karmione podczas prób, śmiertelność była obserwowana codziennie, a martwe ryby usuwano.

Wpływ zasolenia na wydajność wzrostu
Nie odnotowano śmiertelności podczas prób tolerancji na zasolenie. Dlatego też, zasolenie wody o

wartościach 0, 5, 10, 15, 20 (kontrola), 25 i 30 ppt zostało użyte do eksperymentu wydajności wzrostu, który trwał 15 dni. Eksperymenty przeprowadzono w replikach (Amornsakun *i in.*, 2016). Całkowita długość (TL) i całkowita waga (TW) 70 ryb zostały zmierzone i zarejestrowane przed rozpoczęciem eksperymentu i na koniec 15-dniowego okresu. Siedemdziesiąt młodych osobników seabassa zostało równo rozdzielonych do 14 akwariów (n=5).

Parametry jakości wody takie jak temperatura, zasolenie, tlen rozpuszczony, pH i śmiertelność były rejestrowane codziennie. Grzałki zanurzeniowe były używane do utrzymywania temperatury wody na poziomie 28 ± 1°C. Każde z akwariów było napowietrzane w celu utrzymania poziomu nasycenia rozpuszczonym tlenem w zakresie 60-70%. Podczas eksperymentu młode osobniki były karmione dwa razy dziennie w ilości 2% masy ciała komercyjnym granulatem dla ryb morskich. Odchody i niezjedzone resztki pokarmu były codziennie odsysane z akwarium. W okresie 15 dni, co 3 dni, tuż przed karmieniem, wymieniano jedną trzecią objętości wody.

Po 15 dniach ryby unieruchamiano, ważono, mierzono ich długość i ostrożnie zwracano do wyznaczonego indywidualnego akwarium. Dla każdej ryby zapisano średnią początkową i końcową wagę (g), całkowity przyrost wagi (%), początkową i końcową długość (cm), całkowity przyrost długości (%) oraz specyficzne tempo wzrostu (SGR) i obliczono je według podanych wzorów:

I. Przyrost długości całkowitej (TLG)
   Udział procentowy TLG (%) = [(L1- L0) ÷ L0] × 100
   Gdzie: L0 = początkowa średnia długość całkowita (cm); L1 = końcowa średnia długość całkowita (cm)

II. Całkowity przyrost masy ciała (TWG)
   Udział procentowy TWG (%) = = [(W1- W0) ÷ W0] × 100
   Gdzie; W0 = początkowa średnia masa ciała (g); W1 = końcowa średnia masa ciała (g)

III. Specyficzny wskaźnik wzrostu (SGR)
   Przyrost właściwy masy ciała (SGR) (%) = [(*ln* końcowa masa ciała - *ln* początkowa masa ciała) ÷ dzień] × 100

Analiza statystyczna
Dane wyrażono jako średnie ± SD i analizowano za pomocą jednokierunkowej analizy wariancji (ANOVA) oraz testu wielokrotnych porównań Tukeya do statystycznej oceny post-hoc wyników wzrostu ryb, przy czym poziom istotności ustalono na P < 0,05. Analizy statystyczne przeprowadzono przy użyciu programu SPSS (20.0 for windows). Wszystkie dane procentowe przyrostu długości całkowitej (TLG), przyrostu masy całkowitej (TWG) i specyficznego tempa wzrostu (SGR) zostały przekształcone przy użyciu Arcsine przed ANOVA.

WYNIKI I DYSKUSJA
Tolerancja na zasolenie u młodych osobników labraksa azjatyckiego
Wyniki pokazują, że narybek Labraksa Azjatyckiego (Rysunek 1) był w stanie przeżyć we wszystkich zabiegach zasolenia i może tolerować szeroki zakres zasolenia (od 0 do 30 ppt). Na wskaźnik przeżywalności ryb ogólnie wpływa zdolność płynu ustrojowego do tolerowania osmolalności środowiska zewnętrznego (Stickeney, 1979). Według doniesień, azjatycki labraks jest w stanie akumulować metale ciężkie, takie jak rtęć (Currey i in., 1992), podczas gdy przeżywa w różnych warunkach fizjologicznych i środowiskowych, w tym w zmiennym zasoleniu, wysokiej mętności i temperaturze (Job, 2011; Rajaguru, 2002; Yue i in., 2009). Wynika to z wyższego współczynnika wymiany, zwłaszcza w skrzelach, skórze i jelitach, które są odpowiedzialne za pobieranie wody (Sarwono, 2004).

Rys. 1: Labraks azjatycki (*Lates calcarifer*) w stadium młodocianym

W ramach prób tolerancji zasolenia przeprowadzono również obserwacje zachowania ryb w różnych warunkach zasolenia wody. Liczba ryb pływających z nieprawidłową pozycją, tj. z ciałem pochylonym prawie o 180° i głową skierowaną w dół, (rys. 2) wzrastała stopniowo od 0 do 10 ppt, przy czym istotnie najwyższy (p<0,05) odsetek zaobserwowano w 10 ppt - 30%, natomiast w 15 i 20 ppt nie odnotowano ryb pływających z nieprawidłową pozycją (rys. 3). Natomiast w 25 i 30 ppt odnotowano 10% procent ryb pływających z nieprawidłową pozycją. Ta nieprawidłowa pozycja sugeruje, że ryby mogą mieć problemy z pływalnością. Możliwe jest, że pęcherz pławny może nie funkcjonować prawidłowo z powodu drastycznych zmian jakości wody, takich jak zasolenie.

Rys. 2: Nieprawidłowa pozycja pływacka młodych osobników morlesza azjatyckiego.

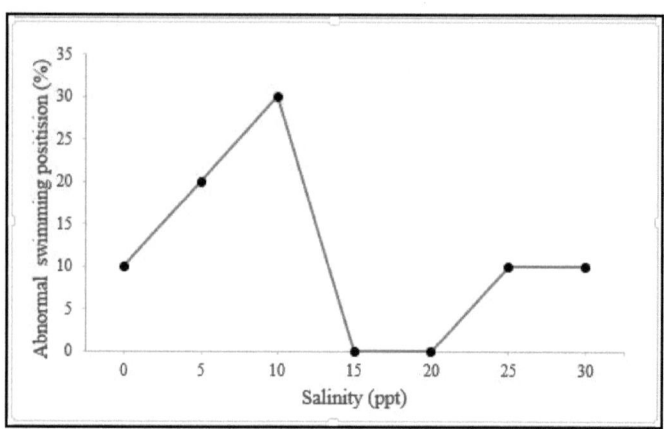

Ryc. 3. Procentowy udział młodych osobników z nieprawidłową pozycją pływacką w różnych stopniach zasolenia przez 48 godzin (n=5).

Wpływ różnych poziomów zasolenia wody na wydajność wzrostu
Średnia długość i masa ciała labraksa azjatyckiego we wszystkich stopniach zasolenia wzrosła w ciągu 15 dni (tab. 1). Najwyższą średnią długość ciała stwierdzono w zasoleniu 25ppt; 10,88±0,12cm i przyrost długości całkowitej (TLG) 8,08 ± 1,81%. Natomiast najniższą średnią długość ciała stwierdzono w 10ppt, z
10,01 ± 0,2 cm z 1,94 ± 0,04 %. TLG było istotnie wyższe (P<0,05) w 0 i 25 ppt.

W przypadku całkowitego przyrostu masy ciała (TWG) najwyższą średnią masą ciała charakteryzował się osobnik 0ppt i wynosił 29,94 ± 14,33 %; natomiast najniższą średnią masę zaobserwowano w 15 ppt, wynoszącą 9,58 ± 2,75 %. TWG były istotnie wyższe (P<0,05) w 0, 10 i 25 ppt.

Dla specyficznego tempa wzrostu (SGR), najwyższą wartość uzyskano przy 0 ppt z 1,71 ± 0,74 %/dzień, podczas gdy najniższą wartość SGR uzyskano przy 15 ppt z 0,61 ± 0,17 %/dzień przy 15 ppt. Istotnie wyższy SGR (P>0,05) uzyskano w 0, 10 i 25 ppt.

Tabela 1: Parametry wydajności wzrostu, przyrost długości całkowitej (TLG), przyrost masy całkowitej (TWG) i specyficzny wskaźnik wzrostu (SGR) młodocianych osobników labraksa azjatyckiego hodowanych przez 15 dni w wodzie o różnym zasoleniu (n=5).

Zasolenie (ppt)	0	5	10	15	20	25	30
TLG (%)	6.16 ± 3.29a	4.27 ± 0,31ab	1.95 ± 0.12c	1.94 ± 0.04c	3.13 ± 0.11b	8.08 ± 1.81a	3.04 ± 0.93b
TWG (%)	29.94 ± 14.33a	13.79 ± 8.54b	24.04 ± 10.13a	9.58 ± 2.75b	11.10 ± 3.71b	26.92 ± 10.21a	14.34 ± 8.40b
SGR (%/)	1.72 ± 0.74a	0.85 ± 0.50b	1.42 ± 0,54ab	0.61 ± 0.17b	0.70 ± 0.22b	1.58 ± 0.53a	0.88 ± 0.49b

* Dane przedstawione jako średnia ± odchylenie standardowe (SD). [a,b,c] Różne indeksy górne wskazują na istotną różnicę wartości w obrębie tego samego rzędu (P<0,05).

Ogólnie rzecz biorąc, przyrost długości (TLG), całkowity przyrost masy (TWG) i specyficzny wskaźnik wzrostu (SGR) dla azjatyckiego seabassa jest najlepszy w 0 ppt w porównaniu z innymi zasoleniami. Na wydajność wzrostu ryb mają wpływ interakcje genotyp-środowisko, takie jak zasolenie, fotoperiod i temperatura (Kikuchi i in., 2007; Zahari i in., 2018) i mogą również różnić się w zależności od gatunku, płci i wieku (Hepher, 1993; Dutta, 1994).Poza tym czynniki takie jak jakość i ilość pokarmu, zarządzanie i stan zdrowia również odgrywają znaczącą rolę. W przypadku większości gatunków ryb wzrost jest nieokreślony (van Winkle i in., 1997), dlatego też czynniki te muszą być brane pod uwagę przy zakładaniu hodowli ryb, aby uzyskać ryby najlepszej jakości (Boeuf i in., 1999). Niektóre badania wykazały lepsze tempo wzrostu w warunkach średniego zasolenia, takich jak woda słonawa, jak odnotowano w przypadku łososia atlantyckiego, pstrąga tęczowego i dorady (Boeuf i Payan, 2001), prawdopodobnie ze względu na stymulację hormonalną, wolniejszy metabolizm, zwiększone spożycie paszy i zwiększoną strawność białka (Kikuchi i in., 2007). Jednakże, według Altinok i Grizzle (2001), niektóre gatunki młodych ryb wykazywały niespójne wyniki wzrostu, gdy były poddane działaniu niskiego zasolenia, ze względu na różnice genetyczne. Zasolenie powoduje odchylenie energii dostępnej z regulacji osmotycznej do wzrostu ryb (Altinok i Grizzle, 2001). Jednakże, związek pomiędzy zasoleniem a wydajnością wzrostu jest złożony i nie może być łatwo przewidziany (Iwama, 1996). Na przykład, w rybach słodkowodnych, im wyższe zasolenie, tym wyższe tempo rozwoju ryb słodkowodnych; w przeciwieństwie do ryb morskich, im niższe zasolenie wody, tym wyższe tempo wzrostu (Woo & Kell, 1995; Boeuf i Payan, 2001).

PODSUMOWANIE
Podsumowując, młode osobniki labraksa azjatyckiego mogą tolerować szeroki zakres zasolenia. Jednakże narybek hodowany w temperaturze 0 ppt osiągnął najlepsze wyniki wzrostu (TWG i SGR) w porównaniu do 25 ppt. Uzyskane wyniki są przydatne w zarządzaniu wylęgarnią, a jednocześnie mogą zwiększyć wydajność azjatyckiego labraksa, *Lates calcarifer*. Dalsze badania nad wpływem zasolenia na zachowanie pływackie i wydajność fizjologiczną azjatyckiego labraksa są uzasadnione.

PODZIĘKOWANIE
Autorzy pragną podziękować Faculty of Fisheries and Food Science, Universiti Malaysia Terengganu za udostępnienie niezbędnych obiektów.

REFERENCJE
Altinok, I. i Grizzle, J.M. (2001). Effects of brackish water on growth, feed conversion and energy absorption efficiency by juvenile euryhaline and freshwater stenohaline fishes. *Journal of fish*

Biology. **59**: 1142-1152.

Amni, R.O., Kawamura, G., Senoo, S. and Ching, F.F. (2015). Effects of different salinities on growth, feeding performance and plasma cortisol level in Hybrid TGGG (Tiger Grouper, *Epinephelus fuscoguttatusx* and Giant Grouper, *Epinephelus lanceolatus*) juveniles. *International Research Journal of Biological Sciences*. **4**: 15-20.

Amornsakun, T., Vo, V.H., Petchsupa, N., Pau, T.M. and Hassan, A.B. (2017). Effects of water salinity on hatching of egg, growth and survival of larvae and fingerlings of snakehead fish, *Channa striatus*. *Songklanakarin Journal Science and Technology*. **39**:137-142.

Boeuf, G., Boujard, D. i Ruyet, J. P. L. (1999). Control of the somatic growth in turbot. *Journal of Fish Biology*. **55**: 128-147.

Boeuf, G. i Payan, P. (2001). Jak zasolenie powinno wpływać na wzrost ryb? *Comparative Biochemistry and Physiology Part C: Toxicology and Pharmacology*. **130**: 411-423.

Boeuf. G. (2009). Aklimatyzacja organizmów wodnych w hodowli. *Fisheries and Aquaculture-Volume IV*.

n: Encyclopedia of Life Support Systems, EOLSS UNESCO, w druku. Pp: 175.

Currey, N.A., Benko, W.I., Yaru, B.T. i Kabi, R. (1992). Determination of heavy metals, arsenic and selenium in Barramundi (*Lates calcarifer*) from Lake Murray, Papua New Guinea. *The Science of the Total Environment*. **125**: 305-320.

Dhert, P., P. Lavens & P. Sorgeloos. (1992). Stress evaluation: a tool for quality control of hatchery-produced shrimp and fish fry. Aquacult. Europe, **17**: 6-10.

Dutta H. (1994). Growth in fishes. *Gerontology (India)*. **40**:97-112

Estudillo, C.B., Duray, M.N., Marasigan, E.T. i Emata, A.C. (2000). Salinity tolerance of larvae of the mangrove red snapper (*Lutjanus argentimaculatus*) during ontogeny. *Aquaculture*. **190**: 155-167.

Statystyki FAO dotyczące rybołówstwa (2018). Malezja Fishery and Aquaculture. Departament Rybołówstwa i Akwakultury FAO [online]. Dostępny w: http://www.fao.org/fishery/facp/MYS/en[Dostęp [28] marca 2018].

Hepher, B. (1993). Wzrost. W: Hepher B, editor. Nutrition of Pond Fishes. Cambridge: Cambridge University; s. 163-191.

Iwama, G.K. (1996). Growth of salmonids. In Principle of Salmonid Culture (Pennell, W. and Barton, B.A., eds). Amsterdam: Elsevier. Pp. 467-516

Job, S. (2011). Barramundi Aquaculture. *Ostatnie postępy i nowe gatunki w akwakulturze*. Pp. 199-229. Jobling, M. (1995). Fish bioenergetics. *Oceanographic Literature Review*. **9**: 785.

Kikuchi, K., Furuta, T., Ishizuka, H., and Yanagawa, T. (2007). Growth of tiger puffer, *Takifugu rubripes*, at different salinities. *Journal of the World Aquaculture Society*. **38**:427-434.

Kungvankil, P., Tiro Jr, L.B., Pudadera Jr, B.J. i Potesta, I.O. (1985). Training Manual: Biologia i hodowla okonia morskiego (*Lates calcarifer*). Fisheries and Aquaculture Department (FAO) [online]. Dostępny w: http://www.fao.org/docrep/field/003/ac230e/AC230E02.htm#ch2[Dostęp [10] marca 2018].

Nammalwar, P. i Marichamy, R. (1998). Seabass hatchery. Central Marine Fisheries Research Institute, Kochi. Pp. 149-153.

Nelson, J. (1994). *Fishes of the World*, [3rd] edition. John Wiley and Sons, New York.

Rajaguru, S. (2002). Critical thermal maximum of seven estuarine fishes. *Journal of Thermal Biology*. **27**: 125-128.

Sampaio, L.A. i Bianchini, A. (2002). Salinity effects on osmoregulation and growth of the euryhaline flounder *Paralichthys orbignyanus*. *Journal of Experimental Marine Biology and Ecology*. **269**: 187-196.

Sarwono, H.A. (2004). Effect of salinity on osmoregulatory capacity, feed consumption, feed efficiency and growth of juvenile sea bass (*Lates calcarifer* Bloch). KasetsartUniversity.

Shadrin, A.M. and Pavlov, D.S. (2015). Embronic and larval development of the Asian Seabass *Lates calcarifer* (Pisces: Perciformes: Latidae) under thermostatically controlled conditions. *Izvestiya Akademii Nauk, Seriya Biologicheskaya*. **4**:401-414.

Szarpa, S. (2018). Zaburzenia pęcherza pławnego u ryb akwariowych. The Spruce [online]. Dostępny w: https://www.thespruce.com/swim-bladder-disorder-in-aquarium-fish-1381230[dostęp:[16] kwietnia 2018].

Stickney, R.R. (1979). Principles of warmwater aquaculture. *John Wiley and Sons*. New York. Pp. 262- 314.

Varsamos, S., Nebel, C. i Charmantier, G. (2005). Ontogeneza osmoregulacji u ryb postembrionalnych: A review. *Comparative Biochemistry and Physiology Part A, CBP*. **141**: 401-429.

Van Winkle W, Shuter BJ, Holcomb BD, Jager HI, Tyler JA & Whitaker S (1997). Regulation of energy acquisition and allocation to respiration, growth, and reproduction: simulation model and example using rainbow trout. In: Early Life History and Recruitment in Fish Populations. Chambers RC & Trippel EA (eds.), pp. 103- 137. London, UK: Chapman & Hall

Woo, N. Y. S., & Kell, S. P. (1995). Effect of salinity and nutritional status on growth and metabolism of *Sparus sarba* in a closed seawater system. *Aquaculture*, **135**, 229-238.

Yue, G.H., Zhu, Z.Y., Lo, L.C., Wang, C.M., Lin, G., Feng, F., Pang, H.Y., Li, J., Gong, P., Liu, H.M., Tan, J., Chou, R., Lim, H. and Orban, L. (2009). Genetic variation and population structure of Asian seabass (*Lates calcarifer*) in the Asia- Pacific region. *Aquaculture*. **293**: 22-28.

Zahari, Z., Christianus, A., and Ismail, M.F.S. (2018). Effect of stocking density and salinity on the growth and survival of golden Anabas fry. *Survey in Fisheries Sciences*. **4**: 26-37.

Przegląd: Różnorodność i zdolności biosyntetyczne Actinomycetes na wschodnim wybrzeżu Peninsular Malaysia

Zaima Azira Zainal Abidin1*, Nurfathiah Abdul Malek
1Wydział Biotechnologii, Kulliyaah of Science, Międzynarodowy Uniwersytet Islamski w Malezji
*Autor korespondencyjny: zzaima@iium.edu.my

ABSTRACT

Aktyniowce są znane jako wybitne źródło antybiotyków i szerokiej gamy związków biologicznych. Odkrycie streptomycyny ze *Streptomyces* utorowało drogę do eksploracji i wykorzystania aktyniowców do odkrycia antybiotyków i innych ważnych związków. Uznając znaczenie aktyniomycetes w odkrywaniu produktów naturalnych, wielu badaczy w Malezji podjęło inicjatywę eksploracji aktyniomycetes z lokalnych środowisk. Niniejszy przegląd podsumowuje i podkreśla badania prowadzone nad różnorodnością aktinomycete i ich potencjałem biologicznym, szczególnie w wodach przybrzeżnych wschodniego wybrzeża Półwyspu Malajskiego, a mianowicie Pahang, Terengganu i Kelantan.

Słowa kluczowe: actinomycetes, różnorodność, aktywność biologiczna, wody przybrzeżne

WPROWADZENIE

Actinomycetes są Gram dodatnimi, tlenowymi i nitkowatymi bakteriami powszechnie występującymi w glebie. Są one znane z doskonałej zdolności do wytwarzania wtórnych metabolitów o szerokim zakresie aktywności biologicznej. Płodny rodzaj *Streptomyces, na przykład,* odpowiada za prawie 70% komercyjnie dostępnych antybiotyków. Jednakże, szeroko zakrojone badania przesiewowe aktynomycetes w stosunku do ich lądowych odpowiedników doprowadziły do wyczerpania upraw aktynomycetes i zmniejszyły prawdopodobieństwo znalezienia nowych bioaktywnych metabolitów wtórnych z powodu ponownego odkrycia znanych związków z wcześniej wyizolowanych producentów (Lam, 2006; Naikpatil i Rathod, 2011). W związku z tym, eksploracja aktynomycetes w niezbadanych i słabo zbadanych miejscach, takich jak środowiska ekstremalne i morskie oraz skupienie się na rzadkich grupach aktinomycete może doprowadzić do powstania nowych gatunków, a w konsekwencji do powstania nowych związków chemicznych (Goodfellow i Fiedler, 2010; Subramani i Aalbersberg, 2013). Dystrybucja malezyjskich actinomycetes była badana w pasie górskim (Lo i in., 2002), glebie lasu deszczowego (Numata i Nimura, 2003), roślinach leczniczych (Zin i in. , 2007), glebach rolniczych (Jeffrey, 2008), ściółce liściowej (Muramatsu i in., 2011), bagnie torfowym (Jeffrey, 2011), glebach ryzosfery (Ting i in., 2009) oraz kompoście (Ting i in., 2014). W badaniach tych stwierdzono dużą różnorodność aktinomycetes, ale z dominującą populacją *Streptomyces*. Przeprowadzono również badania potencjalnych bioaktywnych izolatów pod kątem aktywności enzymatycznej (Jeffrey i in., 2007; Ting i in., 2014), antybakteryjnej (Jeffrey i Halizah, 2014; Ting i in., 2014) i przeciwgrzybiczej (Jeffrey i Halizah, 2014b), uzyskując obiecujące wyniki, które uzasadniają dalsze badania. Badania nad rozmieszczeniem i biopotencjałem promieniowców z malezyjskiego środowiska wód przybrzeżnych są nadal ograniczone, szczególnie na wschodnim wybrzeżu Malezji, co czyni je ważnym źródłem dla izolacji i badań bioprospekcyjnych w celu odkrycia leków. Wody przybrzeżne obejmują obszary szelfowe, półzamknięte i zamknięte morza, zatoki, estuaria i obszary podmokłe, często korzystają z przepływów składników odżywczych z lądu i/lub z upwellingu oceanicznego, który przynosi bogatą w składniki odżywcze wodę na powierzchnię, zapewniając unikalne środowisko dla bakterii morskich. Ponadto, środowisko wód przybrzeżnych doświadcza również różnych fluktuacji czynników fizycznych, takich jak wysokie zasolenie, wysokie ciśnienie, kwaśne pH, ekstremalne temperatury tworząc charakterystyczne środowisko dla bakterii morskich, w tym actinomycetes do produkcji unikalnych i nowych metabolitów wtórnych. Wschodnie wybrzeże Malezji obejmuje trzy stany: Pahang, Terengganu i Kelantan, z których wszystkie graniczą od wschodu z Morzem Południowochińskim. Wyspy Perhentian i Redang w Terengganu słyną na przykład z dziewiczych wysp i plaż, które stanowią atrakcję turystyczną. Wschodnie wybrzeże Półwyspu Malajskiego posiada ogromny potencjał jako nowe źródło wysoce zróżnicowanych bakterii Actinomycetes, które mogą być wykorzystywane do odkrywania produktów naturalnych. W niniejszym przeglądzie omówiono aktualny stan badań nad różnorodnością i możliwościami biosyntezy promieniowców z wód przybrzeżnych Wschodniego Wybrzeża Półwyspu Malajskiego.

Actinomycetes

Nazwa aktynomycety wywodzi się od starożytnych greckich ἀκτίς *(aktís,* 'promień') i μύκης *(múkēs,* 'grzyb lub grzybek') po utworzeniu grzybni i wzroście napędzanym przez wydłużanie końcówek hyfusów. Actinomycetes obejmują dużą i zróżnicowaną grupę bakterii Gram-dodatnich o wysokim stosunku guaniny i cytozyny (G+C > 55% mol) w ich genomie. Są to bakterie tlenowe, wolno rosnące i niemotylne, które charakteryzują się tworzeniem nitkowatych włókien lub hyfusów (Chaudhary i in., 2013; Goodfellow i Williams, 1983). Aktynomycety odgrywają istotną rolę w obiegu składników odżywczych i mineralizacji materii organicznej w glebie, zwłaszcza w ryzosferze (Murphy, 2007). Taksonomicznie, aktynomycety zaliczane są do klasy Actinobacteria i rzędu Actinomycetales (Goodfellow i Fiedler, 2010). Actinomycetes obejmują 14 podrzędów, 44 rodziny i ponad 200 rodzajów z ponad 3000 gatunków bakterii. Członkowie rzędu Actinomycetales zostali uznani za jedną z najbardziej rozproszonych grup taksonów w dziedzinie Bacteria, w oparciu o ich wzór rozgałęzień wywnioskowany z drzewa genów 16S rRNA (Ventura i in., 2007; Zhi i in., 2009). Należy zauważyć, że określenie aktynobakterie odnosi się do członków aktynowców (Actinobacteria), podczas gdy termin aktynowce (Actinomycetes) odnosi się do szczepów zaklasyfikowanych do rzędu Actinomycetales (Goodfellow i Fiedler, 2010). Aktynowce można podzielić na dwie główne grupy: grupę dominującą i grupę rzadkich aktynowców (Azman i in., 2015). W siedlisku naturalnym *Streptomyces* i *Micromonospora* należą do dominujących rodzajów Actinomycetes (Genilloud et al. 2011) z opisanymi odpowiednio ponad 900 i 140 gatunkami (www.bacterio.net). Z drugiej strony, rodzaje obejmujące *Actinoplanes, Dactylsporangium, Kineosporia, Microbispora* i *Virgosporangium,* które mają niższe wskaźniki izolacji i są trudniejsze do uprawy ze względu na ich wyjątkowo powolny wzrost, są znane jako rzadkie actinomycetes (Subramani i Sipkema, 2019; Subramani i Aalbersberg, 2013; Tiwari i Gupta, 2013).

Actinomycetes są również znane ze swojego znaczenia gospodarczego, co wynika z ich ogromnej różnorodności metabolicznej. Zostały one komercyjnie wykorzystane do produkcji różnych enzymów przemysłowych, w tym amylazy, celulozy, ksylanazy, proteazy i pektynazy (Saini i *in.* , 2015). Enzymy produkowane przez aktynomycety nie tylko mają znaczenie biotechnologiczne, ale mogą być opłacalne, ponieważ ich produkcja może być prowadzona przy użyciu tanich substratów. Actinomycetes posiadają również potencjał do zastosowania w bioremediacji gleby (Timkova i wsp. 2018), biotransformacji i biodegradacji zanieczyszczeń, takich jak pestycydy (Serrano-Gonzalez i wsp. 2018). Stanowią one najważniejsze źródła bioaktywnych metabolitów wtórnych, z których wiele ma znaczenie medyczne jako antybiotyki, środki przeciwwirusowe, przeciwpasożytnicze, przeciwmalaryczne, przeciwnowotworowe i immunosupresyjne (Jose i Jha 2016; Demain i Sanchez, 2009). Genus *Streptomyces* jest najdoskonalszym producentem, który wytworzył ponad 10 400 scharakteryzowanych przeciwdrobnoustrojowych metabolitów wtórnych, a następnie szczepy *Micromonospora* (Berdy, 2012). Zdolność szczepów *Streptomyces* do produkcji związków bioaktywnych, zwłaszcza antybiotyków, pozostaje nieporównywalna, prawdopodobnie z powodu ich wyjątkowo dużej komplementarności DNA (Kurtboke, 2012). Rzadkie aktynomycety reprezentowały około 26% związków przeciwdrobnoustrojowych, przy czym ponad 50 taksonów rzadkich aktynomycete zostało zgłoszonych jako producenci 2500 bioaktywnych przeciwdrobnoustrojowych związków (Azman i wsp. 2015; Subramani i Aalbersberg, 2013). Członkowie rodzaju *Actinomadura, Actinoplanes, Saccharopolyspora* i *Streptoverticillium* są najczęstszymi producentami wśród rzadkich grup aktynomycete, każdy z nich produkuje setki antybiotyków (Subramani i Aalbersberg, 2013),

Selektywna izolacja Actinomycetes

Jednym z czynników wpływających na sukces w pozyskiwaniu różnorodnych promieniowców jest zastosowana selektywna metoda izolacji. Nie jest możliwe opracowanie jednej procedury izolacji różnych rodzajów promieniowców zasiedlających określone próbki środowiskowe ze względu na ich zróżnicowane wymagania inkubacyjne i wzrostowe (Goodfellow, 2010). W związku z tym, zaproponowano wiele metod, które obejmują wykorzystanie procedur obróbki wstępnej i podłoży izolacyjnych do izolacji wielu grup taksonów promieniowców (Hames i Uzel, 2012). Różne metody obróbki wstępnej mogą być stosowane do selekcji różnych frakcji zbiorowiska promieniowców obecnych w próbkach środowiskowych (Zainal Abidin et al. 2015; Naikpatil i Rathod, 2011). Ogólnie rzecz biorąc, reżimy obróbki wstępnej selekcjonują docelowe promieniowce poprzez eliminację wzrostu niepożądanych mikroorganizmów (Goodfellow i Fiedler, 2010; Goodfellow, 2010). Spory Actinomycetes są bardziej odporne na wysychanie niż inne bakterie. Dlatego też, suszenie próbek osadów powietrzem w temperaturze pokojowej zahamuje kolonizację niepożądanych bakterii, które mogłyby przerosnąć płytki izolacyjne (Hong et al. , 2009). Odporność rozmnażających się bakterii Actinomycetes na wysychanie jest powszechnie kojarzona z ich odpornością na ciepło. Główna przyczyna tej odporności na ciepło nie jest jasna, ale jest oczywiste, że ogrzewanie przed inokulacją stymuluje kiełkowanie zarodników bakterii Actinomycetes (Hames i Uzel, 2012). Stwierdzono, że wiele zarodników promieniowców (np. *Micromonospora* i *Microbispora*), pęcherzyków zarodnikowych (np. *Streptosporangium* i *Dactylsporangium*) i fragmentów hyfusów (np. *Rhodococcus*) jest bardziej odpornych na ciepło niż Gram-ujemne prokariota (Hames i Uzel, 2012). Procedury wstępnej obróbki cieplnej generalnie prowadzą do zmniejszenia stosunku niepożądanych bakterii do promieniowców na płytkach izolacyjnych, chociaż liczba promieniowców może również ulec zmniejszeniu (Goodfellow, 2010). Zastosowanie chemicznej obróbki wstępnej może dodatkowo zwiększyć ich selektywność, czego przykładem jest zastosowanie chlorku benzetonium do izolacji rzadkich promieniowców (Bredholt et al., 2008).

Niezliczona ilość podłoży izolacyjnych została zaprojektowana i zaproponowana do izolacji actinomycetes. Większość podłoży izolacyjnych została opracowana empirycznie bez odniesienia do preferencji żywieniowych organizmów docelowych. Większość z nich ma wysoki stosunek węgla do azotu, ponieważ zawierają złożone źródła węgla i azotu (np. skrobia, ekstrakt słodowy, kwas humusowy, kazeina i ksylan) (Hames i Uzel, 2012). Takie podłoża izolacyjne sprzyjają wzrostowi aktyniowców w stosunku do pospolitych bakterii, które nie są w stanie metabolizować wysokocząsteczkowych polimerów organicznych. Środki przeciwdrobnoustrojowe, w szczególności aktidion, cykloheksymid, nystatyna i primarycyna zapewniają skuteczne podejście do zwiększenia selektywności podłoży izolacyjnych (Liu et al. 2019; Khanna et al. , 2011). Stosowanie tych antybiotyków może być uważane za standardową praktykę w celu ograniczenia wzrostu zanieczyszczeń grzybiczych. Naśladowanie naturalnego siedliska jest jednym z ważnych kryteriów udanej izolacji actinomycetes ze środowiska naturalnego (Goodfellow i Fiedler, 2010). Przygotowanie podłoży izolacyjnych z wykorzystaniem naturalnej wody morskiej może być kluczowe dla selektywnej izolacji aktinomycetes pochodzenia morskiego (Mincer i in., 2002; Zainal Abidin i in. 2015).

Geny biosyntezy
Szeroka gama związków biologicznie czynnych o zastosowaniach rolniczych, medycznych i biotechnologicznych jest regulowana głównie przez 2 geny biosyntezy, znane jako nierybosomalne syntazy poliketydowe (NRPS) i syntazy poliketydowe typu I (PKS-I) (Ayuso-Sacido i Genilloud, 2005; Gontang i in., 2010). Do tych zróżnicowanych strukturalnie bioaktywnych metabolitów należą antybiotyki (np. erytromycyna, nystatyna, penicylina i wankomycyna), środki przeciwnowotworowe (np. ansamitocyna i bleomycyna) oraz immunosupresyjne (np. rapamycyna). Zarówno szlaki biosyntezy NRPS, jak i PKS-I zostały szeroko opisane nie tylko u aktynomycetes, ale także u sinic (Fidor i in., 2019) oraz u grzybów strzępkowych (Theobald i in. 2019). Strukturalnie, zarówno NRPS jak i PKS-I są wielofunkcyjnymi polipeptydami, które kodowane są przez zmienną liczbę modułów o wielu aktywnościach enzymatycznych. Każdy moduł PKS-I zawiera 3 domeny odpowiadające ketosyntazie, acylotransferazie i białku nośnika acylu. Domeny te odgrywaj± ważn± rolę w programowanej syntezie nowych łańcuchów poliketydowych. Podobnie, moduły NRPS koduj±

80

aktywno¶ci odpowiadaj±ce etapom adenylacji, kondensacji i tiolacji w rozpoznawaniu i kondensacji substratu. Geny NRPS syntetyzują metabolity wykazujące niezwykłe spektrum aktywności, które zostały zbudowane z indywidualnie dobranych bloków budulcowych (Jimenez i in., 2010). Związki syntetyzowane przez geny NRPS mają często strukturę cykliczną i można je wyróżnić dzięki obecności nieproteinogennych rozgałęzionych D-aminokwasów (Miller i in., 2016).

Anotacja klastrów genów biosyntetycznych uzupełniłaby dane z prób biologicznych, umożliwiając manipulację warunkami hodowli w celu stymulacji ekspresji bioaktywnego metabolitu (Jimenez i in., 2010). Przewidywanie bioaktywnych metabolitów poprzez eksplorację genomu *Salinispora tropica* doprowadziło do izolacji i identyfikacji salinilaktamu A (Udwary i in., 2007), podobnie eksploracja genomu dwóch różnych szczepów *Streptomyces*, które mają podobne klastry genów biosyntezy, doprowadziła do odkrycia 3 nowych poliketydów (Banskota *i in.*, 2006). Eksploracja genomu rzadkiego morskiego szczepu aktinomycete *Streptosporangium* doprowadziła do odkrycia pięciokątnych polifenoli heksarycyny A-C (Tian et al. 2016). Stąd, badanie aktinomycetes pod kątem genów biosyntezy NRPS i PKS-I może być pomocne w określeniu ewentualnego potencjału materiałów biologicznych (Liu i wsp. 2019; Zainal Abidin i wsp. 2018). Pozytywne wyniki w badaniu przesiewowym opartym na metodzie PCR nie tylko stanowią dowód na produkcję odpowiednich metabolitów, ale również mogą wskazywać na istnienie dalszych szlaków metabolicznych syntezy metabolitów wtórnych (Ayuso-Sacido i Genilloud, 2005; Lee i wsp. 2014). Brak wykrywalnych fragmentów genów nie świadczy jednak definitywnie o braku odpowiednich klastrów genów biosyntetycznych, gdyż istnieją również inne metabolity i inne ścieżki biosyntezy, co znajduje odzwierciedlenie w genomach actinomycetes (Kouadri i wsp. 2014; Zainal Abidin i wsp. 2018).

Różnorodność i bioaktywność actinomycetes z Pahang, Terengganu i Kelantan

Spośród wszystkich trzech stanów, Pahang był najbardziej płodny pod względem badań prowadzonych w odniesieniu do actinomycetes z przybrzeżnych środowisk wodnych. Jednym z punktów zapalnych dla badań nad aktinomycetami są lasy namorzynowe Tanjung Lumpur w mieście Kuantan. Zastosowanie selektywnej obróbki wstępnej na próbkach osadów namorzynowych przy użyciu roztworu fenolu (1.5%, 30 min przy 30°C) lub mokrego ogrzewania w sterylizowanej wodzie (15 min przy 50°C) doprowadziło do odzyskania *Streptomyces, Mycobacterium, Leifsonia, Microbacterium, Sinomonas, Nocardia, Terrabacter, Streptacidiphilus, Micromonospora, Gordonia* i *Nocardioides* z tej lokalizacji wraz z kilkoma możliwymi nowymi rodzajami i nowymi gatunkami (Lee et al. 2014a). Dodatkowo przeprowadzono również detekcję PKS-I, PKS-II i NRPS oraz ocenę aktywności przeciwdrobnoustrojowej wyizolowanych aktinomycetes. Szereg aktinomycetes wykazało obecność przynajmniej jednego z badanych genów biosyntetycznych (PKS-I/PKS-II/NRPS), a u gatunku *Nocardia* blisko spokrewnionego z *Nocardia Africana* stwierdzono obecność wszystkich genów biosyntetycznych (PKS-I, PKS-II i NRPS). Kilka izolatów *Streptomyces* wykazywało aktywność przeciwbakteryjną wobec *S. aureus* opornego na metycylinę (MRSA), a jeden izolat Streptomyces wykazywał szerokie spektrum aktywności przeciwbakteryjnej, reprezentując nowy gatunek o nazwie *Streptomyces pluripotens* sp. nov. (Lee et al. 2014b). W związku z tym opisano dwa nowe rodzaje, a mianowicie *Mumia flava* gen. nov. sp. nov (Lee et al. 2014c), oraz *Monashia flava* gen. nov., sp. nov. (Azman et al. 2016), a następnie opisano kilka nowych gatunków - *Microbacterium mangrovi* sp. nov. (Lee et al. 2014d), *Sinomonas humi* sp. nov (Lee et al. 2015), *Streptomyces gilvigriseus* sp. nov (Ser et al. 2015a), *Streptomyces mangrovisoli* sp. nov. (Ser et al. 2015b), *Streptomyces antioxidans* sp. nov. (Ser et al. 2016a), *Streptomyces malaysiense sp.* nov. (Ser et al. 2016b) oraz Streptomyces *humi* sp. nov. (Zainal i wsp. 2016). Po odkryciu nowych, rzadkich promieniowców z tego miejsca, przeprowadzono badania przesiewowe aktywności przeciwbakteryjnej, przeciwnowotworowej i neuroprotekcyjnej na *Microbacterium mangrove, Sinomonas humi* i *Monashia flava*, uzyskując interesujące wyniki. Metanolowe ekstrakty *M. mangrove, S. humi* i *M. flava* wykazały działanie bakteriostatyczne, podczas gdy ekstrakt M. *mangrove* wykazał znaczące właściwości neuroprotekcyjne w modelach stresu oksydacyjnego i demencji. Co więcej, ekstrakt z M. *flava* był w stanie chronić komórki neuronalne SHSY5Y w modelu hipoksji. Dodatkowo, ekstrakty z *M. mangrovi* i *M. flava* wykazywały działanie przeciwnowotworowe wobec ludzkich linii komórkowych raka szyjki macicy (Ca Ski) (Azman et al. 2017). Dalsze badania nad ekstraktem *Streptomyces gilvigriseus* wykazały znaczącą aktywność przeciwutleniającą i efekt cytotoksyczny przeciwko liniom komórkowym raka jelita grubego, a aktywność ta może być przypisana cyklicznym dipeptydom obecnym w ekstrakcie (Ser et al. 2018).

Podobnie, Mohamad i wsp. (2015) zidentyfikowali 6 *Streptomyces*, 2 *Micromonospora* i 2 *Rhodococcus* z jednym *Streptomyces* wykazującym szerokie działanie przeciwdrobnoustrojowe z Tanjung Lumpur, w tym kilka bakterii patogennych - *K. pneumoniae, S. thypimurium* i *S. pyogenes.* Program bioposzukiwania aktinomycetes w 7 lokalizacjach lasu namorzynowego Kuantan ujawnił wysoce zróżnicowane aktinomycetes o wysokich właściwościach przeciwdrobnoustrojowych. Chociaż rodzaje *Streptomyces* i *Micromonospora* zdominowały populację aktinomycetes, inne grupy aktinomycetes, należące do rzadkich rodzajów, zostały również osiągnięte. Do rzadkich rodzajów, które udało się wyizolować należą: *Pseudonocardia* sp., *Verrucosispora* sp., *Nocardiopsis* sp., *Actinophytocola* sp., *Dietzia* sp., *Gordonia* sp., *Micrococcus* sp., *Mycobacterium* sp., *Nocardia* sp., *Saccharopolyspora* sp. i *Rhodococcus* sp. Rzadkie szczepy aktynomycetes - *Pseudonocardia* sp., *Nocardiopsis* sp. i *Actinophytocola* sp. również wykazały aktywność przeciwdrobnoustrojową. szczepów *Streptomyces* (Abdul Malek i wsp. 2015, Zainal Abidin i wsp. 2018). Oprócz izolatów *Streptomyces* i *Micromonospora* wykazujących obecność w nich genów PKS-I i/lub NRPS, podobną obserwację wykazało również kilka rzadkich aktynomycetes - *Actinophytocola, Gordonia, Pseudonocardia, Rhodococcus* i *Verrucosispora.*

Szczególnie interesujący jest izolat *Actinophytocola* sp. K4-08, który został odzyskany w wyniku wstępnej obróbki w suchym cieple 120 °C, 60 min na podłożu ISP4. Ten aktinomycete był blisko spokrewniony z *A. sediminis* (99% podobieństwa), który został wcześniej znaleziony w osadach głębinowych Morza Południowochińskiego. Izolat ten posiadał zarówno geny biosyntezy NRPS, jak i PKS-I i wykazywał obiecującą aktywność przeciwdrobnoustrojową wobec badanych organizmów. Ocena aktywności przeciwdrobnoustrojowej i zdolności biosyntetycznych rodzaju *Actinophytocola* nie była nigdy wcześniej opisywana, co czyni ten izolat obiecującym kandydatem do wykorzystania w celu odkrycia produktów naturalnych. Dodatkowo stwierdzono, że kilka bakterii z rodzaju Actinophytocola wytwarza barwny pigment dyfuzyjny (Rysunek 1). Produkcja dyfuzyjnego pigmentu jest zwykle związana z uwalnianiem melaniny do podłoża, a pigmenty odgrywają znaczącą rolę w przetrwaniu i wzroście aktyniowców (Parungao et al. 2007). Sporadycznie odnotowywano także inne kolory pigmentów, takie jak żółty, zielony i niebieski, a czasami pigmenty te wykazują aktywność przeciwdrobnoustrojową. Oprócz brązu i czerni jako wspólnego dyfuzyjnego pigmentu uzyskanego z actinomycetes, dyfuzyjne pigmenty niebieskie, pomarańczowe, różowe, fioletowe i żółte zostały zgłoszone w ich badaniu. Ponadto, ekstrakt octanu etylu z purpurowego pigmentu posiadał silną aktywność hamującą wobec *B. subtilis, S. aureus* i *S. marcescens.*

Następną lokalizacją w Pahang jest wyspa Tioman, która otoczona jest Morzem Południowochińskim i uważana jest za niewykorzystane źródło rzadkich morskich promieniowców. Sabaratnam et al. (2008) zgłosili różnorodne actinomycetes wyizolowane z gąbek morskich zebranych na wyspie Tioman i przypuszczalnie zidentyfikowali wybrane izolaty jako *Actinoplanes* spp., *Micromonospora* spp., *Nocardia* spp., *Polymorphospora* spp., *Pseudonocardia* spp., *Rhodococcus* spp, *Saccharomonospora* spp., *Salinispora* spp., *Sprilliplanes* spp. i *Verrucosispora* spp. W nowszym badaniu przeprowadzonym przez Ng i Tan (2018) na osadach morskich zebranych z Pirate Reef, Tioman Island, analizy sekwencji genu 16S rRNA wskazały na bliskie związki z członkami 18 rodzajów: *Actinomadura, Agromyces, Jishengella, Marinactinospora, Micromonospora, Mycobacterium, Nocardia, Nocardiopsis, Nonomuraea, Plantactinospora, Pseudonocardia, Rhodococcus, Saccharomonospora, Saccharopolyspora, Salinispora, Streptomyces* i *Streptosporangium.* Ponadto, prawie połowa wyizolowanych izolatów należała odpowiednio do *Streptomyces* spp. (47,97%) i *Salinispora* spp. (23,58%). Następnie opisano nowy rodzaj *Marinitenerispora sediminis* gen. nov., sp. nov, a bakteria ta posiadała również aktywność inhibicyjną wobec B. *subtilis, S. aureus* i *E. coli* (Ng et al. 2019).

Kolejne badania nad actinomycetes przeprowadzone przez Zainal Abidin (2013) odnotowały występowanie izolatów *Streptomyces* i *Salinispora* z osadów morskich wyspy Tioman (rys. 2). Izolaty *Streptomyces* wykazywały silną aktywność przeciwbakteryjną, a izolat *Salinispora* wykazywał silną aktywność przeciwbakteryjną wobec patogennego MRSA. Jeden szczególny izolat *Streptomyces* był w stanie tolerować do 12% NaCl, co wskazuje na jego adaptację do środowiska morskiego. Wyspa Tioman wydaje się być punktem zapalnym dla szczepów *Salinispora*, jak wykazano w kilku badaniach wskazujących na obecność tego obligatoryjnego morskiego promieniowca jako autochtonicznego promieniowca w osadach morskich wyspy Tioman. Inną lokalizacją w Pahang jest Cherating, w którym Ariffin et al. (2017) z powodzeniem wyizolowali *Streptomyces* ze znajdującego się tu obszaru namorzynów. Szeroko zakrojone badania nad actinomycetes w miejscowościach Pahang w połączeniu z odzyskiwaniem rzadkich actinomycetes oraz opisem nowych rodzajów i gatunków jeszcze bardziej egzemplifikują prawdziwy potencjał wód przybrzeżnych Pahang jako nowych zasobów actinomycetes o zdolnościach biosyntetycznych.

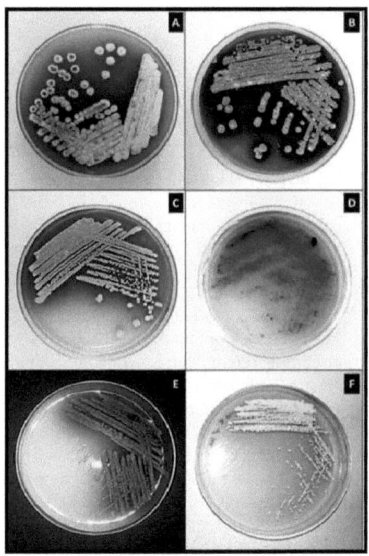

Rys. 1: Barwny pigment dyfuzyjny z actinomycetes z Kuantan Mangrove Forest

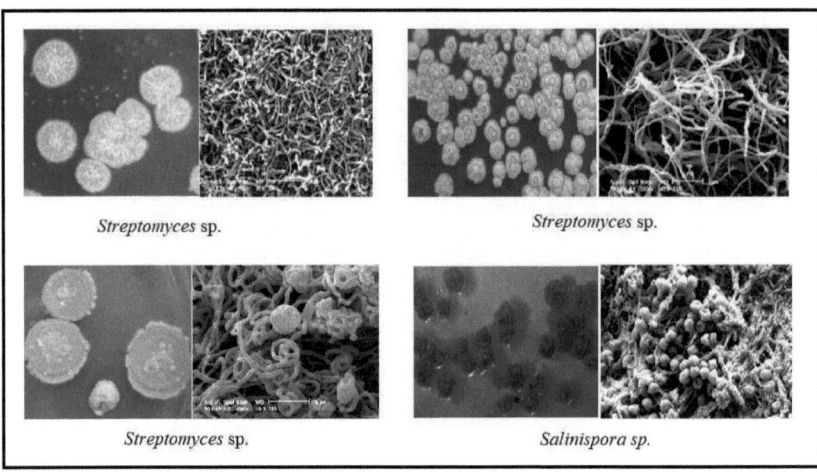

Rys. 2: Morfologie kolonii i mikrografy SEM actinomycetes z wyspy Tioman

Niewiele badań przeprowadzono jednak nad actinomycetes z wód przybrzeżnych Terengganu i Kelantanu. Ariffin et al. (2017) wyizolowali łącznie 11 izolatów actinomycetes z plaży Chendering w Terengganu i

7 actinomycetes z osadów namorzynowych na plaży Tok Bali w Kelantan, choć nie udało się ustalić ich tożsamości. Innym miejscem w Terengganu jest wyspa Bidong. Wyspa ta wcześniej była obozem dla uchodźców z Wietnamu i została otwarta dla turystów po tym, jak wszyscy uchodźcy zostali repatriowani do Wietnamu. Ostatnio, bakterie hodowlane związane z różnymi gatunkami gąbek morskich zebranych w sąsiedztwie Bidong Island odzyskały *Brevibacterium* i *Kytococcus* wśród zidentyfikowanej populacji bakterii (Tan et al. 2018). Następnie, w badaniu skupiającym się na bakteriach związanych ze śluzem koralowca *Acropora cervicornis* również na wyspie Bidong, obok innych grup bakterii odzyskano *Actinomyces, Micrococcus varians, Micrococcus roseus* i *Micrococcus* sp. (Kalimuthu et al. 2007). Z pewnością istnieją inne badania ukierunkowane na izolację i różnorodność actinomycetes w stanach Kelantan i Terengganu, ale nie zostały jeszcze przedstawione. Bezsprzecznie wody przybrzeżne Kelantanu i Terengganu mają szansę stać się nowymi zasobami aktinomycetes z potencjalnie nowymi związkami, które czekają tylko na zbadanie i odkrycie. Tabela 1 podsumowuje różnorodność promieniowców i ich bioaktywność w zależności od stanu - Pahang, Terengganu i Kelantan. Rzeczywiście, wody przybrzeżne wschodniego wybrzeża Półwyspu Malajskiego posiadają potencjał, który może być wykorzystany jako nowe źródło bakterii z rodzaju Actinomycetes. Być może, wspólny i strategiczny wysiłek różnych grup badawczych, szczególnie w zakresie bioposzukiwania promieniowców w tych miejscach może przynieść nowe szczepy i doprowadzić do odkrycia unikalnych związków bioaktywnych.

Tabela 1: Zestawienie bakterii Actinomycetes z wód przybrzeżnych Pahang, Terengganu i Kelantan

Państwo	Genus	Bioaktywność	Odnośnik
	Tanjung Lumpur		Lee et al. (2014a); Lee et al. (2014b); Lee et al. (2014c); Lee et al. (2014d); Azman et al. (2016); Mohamad et al. (2015); Ser et al. (2015a); Ser et al. (2015b); Ser et al. (2016a); Ser et al. (2016b); Zainal Abidin et al. (2016); Azman et al. (2017); Ser et al. (2018)
	Streptomyces, Mycobacterium, Leifsonia, Microbacterium, Sinomonas, Nocardia, Terrabacter, Streptacidiphilus, Micromonospora, Rhodococcus, Gordonia, Nocardioides, Mumia flava, Monashia flava	Działanie antybakteryjne, antynowotworowe, antyoksydacyjne, neuroprotekcyjne	
Pahang	**Las namorzynowy Kuantan**		
	Pseudonocardia, Verrucosispora, Nocardiopsis, Actinophytocola, Dietzia, Gordonia, Micrococcus, Mycobacterium, Nocardia, Saccharopolyspora, Rhodococcus, Pseudonocardia, Nocardiopsis, Actinophytocola		Abdul Malek et al. (2015); Zainal Abidin et al. (2018)
	Wyspa Tioman	Antybakteryjne	
	Actinoplanes, Micromonospora, Nocardia, Polymorphospora, Pseudonocardia,		
	Rhodococcus, Saccharomonospora, Salinispora, Sprilliplanes, Verrucosispora, Actinomadura, Agromyces, Jishengella, Marinactinospora, Mycobacterium, Nocardiopsis, Nonomuraea, Plantactinospora, Saccharopolyspora, Streptosporangium, Streptomyces, Marinitenerispora sediminis	Antybakteryjne	Sabaratnam et al. (2008); Zainal Abidin (2013); Ng & Tan (2018); Ng et al. (2019)
	Cherating		
	Streptomyces	Antybakteryjne	Ariffin et al. (2017)

85

Brevibacterium, Kytococcus, Actinomyces, Micrococcus	Nie określono.	Kalimuthu et al. (2007); Tan et al. (2018)

Terengganu

Chendering Nieznany	Antybakteryjne	Ariffin et al. (2017)

Kelantan	**Tok Bali Beach** Nieznany	Nie określono. Ariffin et al. (2017)

PODSUMOWANIE

Opis nowego rodzaju i nowego gatunku z wód przybrzeżnych wschodniego wybrzeża Malezji Półwyspu Peninsularnej ukazał perspektywę występowania aktinomycetes w wodach przybrzeżnych stanów Pahang, Terengganu i Kelantan oraz ich potencjalne zastosowanie w odkrywaniu produktów naturalnych. Mimo, że badania nad promieniowcami z tych stanów są wciąż niewystarczające, miejsca te mają szansę stać się gorącymi punktami dla nowych promieniowców i nowych związków chemicznych. Badania nad promieniowcami powinny wykraczać poza różnorodność i biologiczne badania przesiewowe, ale także obejmować próby oczyszczania i wyjaśniania struktury związków bioaktywnych, a także wykorzystywać nowe metody, takie jak eksploracja genomu, sekwencjonowanie następnej generacji (NGS), metabolomika i proteomika do ujawnienia kryptycznych ścieżek biosyntezy w produkcji metabolitów wtórnych.

REFERENCJE

Abdul Malek, N., Zainuddin, Z., Chowdhury, A.J.K., Zainal Abidin, Z.A. (2015). Diversity and antimicrobial activity of mangrove soil actinomycetes isolated from Tanjung Lumpur, Kuantan, *Jurnal Teknologi,* 77(25), 37-43.

Ariffin, S., Abdullah, M.F.F., Mohamad, S.A.S. (2017). Identification and Antimicrobial Properties of Malaysian Mangrove Actinomycetes, *Int. J. on Advanced Science Engineering Information Technology,* 7(1), 71-77.

Ayuso-Sacido, A. i Genilloud, O. (2005). New PCR Primers for the screening of NRPS and PKS-I systems in actinomycetes: detection and distribution of these biosynthetic gene sequences in major taxonomic groups, *Microbial Ecology,* 49, 10-24.

Azman, A. S., Iekhsan, O., Velu, S. S., Chan, K. G. and Lee, L. H. (2015). Mangrove rare actinobacteria: taxonomy, natural compound, and discovery of bioactivity, *Frontiers in Microbiology,* 6, 85601- 85615.

Azman, A. S., Zainal, N., Ab Mutalib, N.S., W.F. Chan, K. G. and Lee, L.H. (2016). *Monashia flava* gen. nov., sp. nov., an actinobacterium of the family Intrasporangiaceae, *Int J Syst Evol Microbiol,* 66, 554-561.

Azman, A. S., Othman, I., Fang, C.M., Chan, K. G., Goh, B.H., Lee, L.H. 2017. Antibacterial, Anticancer and Neuroprotective Activities of Rare Actinobacteria from Mangrove Forest Soils, *Indian J Microbiol,* 57(2),177-187.

Berdy, J. (2005). Bioaktywne metabolity mikroorganizmów, *The Journal of Antibiotics,* 58,1-26.

Bredholt, H., Fjaervik, E., Johnsen, G. and Zotchev, S. B. (2008). Actinomycetes from sediments in Trondheim Fjord, Norway: diversity and biological activity, *Marine Drugs,* 6, 12-24.

Chaudhary, H. S., Soni, B., Shrivastava, A. R. and Shrivastava, S. (2013). Diversity and versatility of actinomycetes and its role in antibiotic production, *Journal of Applied Pharmaceutical Science,* 3: S83-S94.

Demain, A. L. i Sanchez, S. (2009). Microbial drug discovery: 80 years of progress. *The Journal of Antibiotics,* 62: 5-16.

Fidor, A., Konkel, R. and Mazur-Marzec, H. (2019). Bioactive Peptides Produced by Cyanobacteria of the Genus Nostoc: A Review, *Mar. Drugs,* 17, 561 doi:10.3390/md17100561.

Genilloud, O., Gonzalez, I., Salazar, O., Martin, J., Tormo, J. R. and Vicente, F. (2011). Current approaches to exploit actinomycetes as a source of natural products, *Journal of Industrial Microbiology and Biotechnology,* 38, 375-389.

Gontang, A. E., Gaudencio, S. P., Fenical, W. and Jensen, P. R. (2010). Sequence-based analysis of secondary-metabolite biosynthesis in marine actinobacteria, *Applied and Environmental Microbiology,* 76, 2487-2499.

Goodfellow, M. (2010). Selective Isolation of Actinobacteria. *In* Baltz, D. R. H. and Davies, J. (Eds.), *Manual of Industrial Microbiology and Biotechnology.* (³rd ed., pp. 13-27). Washington DC: ASM Press.

Goodfellow, M. i Fiedler, H. P. (2010). A guide to successful bioprospecting: informed by actinobacterial systematics, *Antonie Van Leeuwenhoek,* 98, 119-142.

Goodfellow, M. i Williams, S. T. (1983). Ecology of actinomycetes, *Annual Review of Microbiology,* 37, 189-216.

Hames, E. E. i Uzel, A. (2012). Isolation strategies of marine-derived actinomycetes from sponge and sediment samples, *Journal of Microbiological Methods,* 88, 342-347.

Hong, K., Gao, A. H., Xie, Q. Y., Gao, H., Zhuang, L., Lin, H. P., Yu, H. P., Li, J., Yao, X. S., Goodfellow, M. i Ruan, J. S. (2009). Actinomycetes for marine drug discovery isolated from mangrove soils and plants in China, *Marine Drugs,* 7, 24-44.

Jeffrey, L. S. H., Sahilah, A. M., Son, R. and Tosiah, S. (2007). Isolation and screening of actinomycetes from Malaysian soil for their enzymatic and antimicrobial activities, *Journal of Tropical Agriculture and Food Science,* 1, 159-164.

Jeffrey, L. S. H. (2008). Izolacja, charakterystyka i identyfikacja actinomycetes z gleb rolniczych w Semongok, Sarawak. *African Journal of Biotechnology,* 7, 3697-3702.

Jeffrey, L. S. H. (2011). Presecreening of bioactivities from actinomycetes isolated from forest peat soil of Sarawak, *Journal of Tropical Agriculture and Food Science,* 39, 245-253.

Jeffrey, L. S. H. i Halizah, H. (2014). Biological active compounds from actinomycetes isolated from soil of Langkawi Island, Malaysia, *African Journal of Biotechnology,* 13, 4523-4528.

Jimenez, J. T., Sturdikova, M. i Sturdik, E. (2010). Bioaktywne morskie i lądowe polyketydowe i peptydowe metabolity wtórne oraz perspektywy ich biotechnologicznej produkcji, *Acta Chimica Slovaca*, 3, 103-119.

Jose, P.A. i Jha, B. (2016). New Dimensions of Research on Actinomycetes: Quest for Next Generation Antibiotics, *Front. Microbiol.* 7:1295. doi: 10.3389/fmicb.2016.01295.

Kalimutho, M., Ahmad, A. and Kassim, Z. (2007). Isolation, Characterization and Identification of Bacteria associated with Mucus of *Acropora cervicornis* Coral from Bidong Island, Terengganu, Malaysia, *Malaysian Journal of Science* 26 (2), 27 - 39.

Khanna, M., Solanki, R. and Lal, R. (2011). Selective isolation of rare actinomycetes producing novel antimicrobial compounds, *International Journal of Advanced Biotechnology and Research*, 2, 357- 375.

Kouadri, F.; Al-Aboudi, A., and Jorani, H.K., (2014). Antimicrobial activity of Streptomyces sp. isolated from the Gulf of Aqaba-Jordan and screening for NRPS, PKS-I and PKS-II genes, *African Journal of Biotechnology*, 13(34), 3505-3515

Kurtboke, D. I. (2012). Biodiscovery from rare actinomycetes: an eco-taxonomical perspective, *Applied Microbiology and Biotechnology*, 93, 1843-1852.

Lam, K. S. (2006). Discovery of novel metabolites from marine actinomycetes, *Current Opinion in Microbiology*, 9, 245-251.

Lee, L. H., Nurullhudda, Z. Adzzie-Shazleen, A., Eng, S. K., Goh, B. H., Yin, W. F., Nurul-Syakima, A. M. i Chan, K. G. (2014a). Diversity and antimicrobial activities of actinobacteria isolated from tropical mangrove sediments in Malaysia, *The Scientific World Journal*, 10, 1-14.

Lee, L. H., Nurullhudda, Z. Adzzie-Shazleen, A., Eng, S. K., Nurul-Syakima, A. M., Yin, W.F. i Chan, K. G. (2014b). *Streptomyces pluripotens* sp. nov., a bacteriocin-producing streptomycete that inhibits meticillin-resistant *Staphylococcus aureus*, *Int J Syst Evol Microbiol*, 64, 3297-3306.

Lee, L. H., Nurullhudda, Z. Adzzie-Shazleen, A., Nurul-Syakima, A. M., Hong, K. and Chan, K. G. (2014c). *Mumia flava* gen. nov., sp. nov., an actinobacterium of the family Nocardioidaceae, *Int J Syst Evol Microbiol* 64: 1461-1467.

Lee, L. H., Adzzie-Shazleen, A., Nurullhudda, Z. Eng, S.K., Nurul-Syakima, A. M., Yin, W.F. i Chan, K. G. (2014). *Microbacterium mangrovi* sp. nov., an amylolytic actinobacterium isolated from mangrove forest soil, *Int J Syst Evol Microbiol* 64, 3513-3519.

Lee, L. H., Adzzie-Shazleen, A., Nurullhudda, Z., Yin, W.F., Nurul-Syakima, A. M., and Chan, K. G. (2015). *Sinomonas humi* sp. nov., an amylolytic actinobacterium isolated from mangrove forest soil, *Int J Syst Evol Microbiol*, 65, 996-1002.

Liu, T., Wu, S., Zhang, R., Wang, D., Chen, J. and Zhao, J. (2019). Diversity and antimicrobial potential of Actinobacteria isolated from diverse marine sponges along the Beibu Gulf of the South China Sea, *FEMS Microbiology Ecology*, 95(7) doi: 10.1093/femsec/fiz089.

Lo, C. W., Lai, N. S., Cheah, H. Y., Wong, N. K. I. i Ho, C. C. (2002). Actinomycetes isolated from soil samples from the Crocker range Sabah, *ASEAN Review of Biodiversity and Environmental Conversation*, 9, 1-7.

Miller, B.R., Drake, E.J, Shi, C., Aldrich, C.C. and Gulick, A.M. (2016). Structures of a Nonribosomal Peptide Synthetase Module Bound to MbtH-like Proteins Support a Highly Dynamic Domain Architecture, *The Journal of Biological Chemistry* 291(43), 22559 -22571.

Mohamad, N.H., Chowdhury, A.J.K. and Zainal Abidin, Z.A. (2015). Selective isolation of Actinomycetes from mangrove sediment of Tanjung Lumpur, Kuantan, Malaysia, *Malaysian Journal of Microbiology*, 11(2), 144-155.

Muramatsu, H., Murakami, R., Ibrahim, Z. H., Murakami, K., Shahab, N. and Nagai, K. (2011). Phylogenetic diversity of acidophilic actinomycetes from Malaysia, *The Journal of Antibiotics*, 64, 621-624.

Murphy, D. V., Stockdale, E. A., Brookes, P. C. i Goulding, K. W. T. (2007). Wpływ mikroorganizmów na przemiany chemiczne w glebie. *W* Abbot, L. K. i Murphy, D. V. (Eds.). *A Key to Sustainable Land Use in Agriculture*. (1st ed., pp. 37-59). New York: Springer.

Naikpatil, S. V. i Rathod, J. L. (2011). Selective isolation and antimicrobial activity of rare actinomycetes from mangrove sediment of Karwar, *Journal of Ecobiotechnology*, 3, 48-53.

Ng, Z.Y. and Tan, G.Y.A. 2018. Selective isolation and characterisation of novel members of the family Nocardiopsaceae and other actinobacteria from a marine sediment of Tioman Island, *Antonie van Leeuwenhoek* 111, 727-742.

Ng, Z.Y., Fang, B.Z., Li, W.J. and Tan, G.Y.A. (2019). *Mariniterispora sediminis* gen. nov., sp. nov., członek rodziny Nocardiopsaceae wyizolowany z osadów morskich *Int J Syst Evol Microbiol*, 69, 3031-3040.

Numata, K. i Nimura, S. (2003). Access to soil actinomycetes in Malaysian tropical rain forests, *Actinomycetologica*, 17, 54-56.

Parungao, M. M., Maceda, E. B. G. i Vilano, M. A. F. (2007). Screening of antibiotic-producing actinomycetes from marine, brackish and terrestrial sediments of Samal Island, Philippines, *Journal of Research in Science, Computing and Engineering*, 4, 29-38.

Sabaratnam, V., Christabel, L.J., Thong, K.L., Tan, G.Y.A., Affendi, Y.A. (2008). *Sponges of Tioman and their actinomycetes inhabitants.* In: Natural history of the Pulau Tioman Group of Islands. Seria monografii IOES. University of Malaya, Kuala Lumpur, s. 35-41. ISBN 9789839576351

Saini, A., Aggarwal, N.K., Sharma, A. and Yadav, A. (2015). Actinomycetes: A Source of Lignocellulolytic Enzymes, *Enzyme Research*, 20, 1-15.

Ser, H.L., Zainal, N. Palanisamy, U.D., Goh, B.H., Yin, W.F., Chan, K.G. Lee, L.H. (2015a). *Streptomyces gilvigriseus* sp. nov., a novel actinobacterium isolated from mangrove forest soil, *Antonie van Leeuwenhoek*, 107,1369-1378.

Ser, H.L., Palanisamy U.D., Yin W.F., Abd Malek S.N., Chan K.G., Goh B.H. and Lee L.H. (2015b). Presence of antioxidative agent, Pyrrolo[1,2-a] pyrazine-1,4-dione, hexahydro- in newly isolated *Streptomyces mangrovisoli* sp. nov., *Front. Microbiol.* 6, 854. doi: 10.3389/fmicb.2015.00854

Ser, H.L., Tan, L.T.H., Palanisamy, U.D., Abd Malek, S.N., Yin, W.F., Chan, K.G., Goh, B.H. i Lee, L.H. (2016a) *Streptomyces antioxidans* sp. nov., a Novel Mangrove Soil Actinobacterium with Antioxidative and Neuroprotective Potentials, *Front. Microbiol.* 7:899. doi: 10.3389/fmicb.2016.00899

Ser, H.L., Palanisamy, U.D., Yin, W.F., Chan, K.G., Goh, B.H. and Lee, L.H. (2016b). *Streptomyces malaysiense* sp. nov.: A novel Malaysian mangrove soil actinobacterium with antioxidative activity and cytotoxic potential against human cancer cell lines, *Scientific Reports* 6, 24247 doi: 10.1038/srep24247

Ser, H.L., Yin, W.F., Chan, K.G, Goh, B.H., Lee, L.H. 2018. Antioxidant and cytotoxic potentials of *Streptomyces gilvigriseus* MUSC 26T isolated from mangrove soil in Malaysia, *Prog Microbes Mol Biol* 1(1), a00002.

Serrano-Gonzalez, M.Y., Chandra, R., Castillo-Zacarias, C., Robledo-Padilla, F., Rostro-Alanis, M.J., Parra-Saldivar, R. (2018). Biotransformacja i degradacja 2,4,6-trinitrotoluenu przez metabolizm drobnoustrojów i ich interakcje, *Defence Technology*, 14, 151-164.

Subramani, R. and Sipkema, D. (2019). Marine Rare Actinomycetes: A Promising Source of Structurally Diverse and Unique Novel Natural Products, *Marine Drugs*, 17, 249; doi:10.3390/md17050249.

Subramani, R. i Aalsberg, W. (2013). Culturable rare actinomycetes: diversity, isolation and marine natural product discovery, *Applied Microbiology and Biotechnology*, 97, 9291-9321.

Tan, S.M.A., Amirul, A.A., Saidin, J. and Bhubalan, K. (2018). Identification of Cultivable Bacteria from Tropical Marine Sponges and Their Biotechnological Potentials, *Tropical Life Sciences Research*, 29(2), 187-199.

Theobald, S., Vesth, T.C. and Andersen, M.R. (2019). Genus level analysis of PKS-NRPS and NRPS-PKS hybrids reveals their origin in Aspergilli, *BMC Genomics*, 20,847.

Tian, J., Chen, H., Guo, Z., Liu, N., Li, J., Huang, Y., Xiang, W. and Chen, Y. (2016). Discovery of pentangular polyphenols hexaricins A-C from marine *Streptosporangium* sp. CGMCC 4.7309 by genome mining, *Appl Microbiol Biotechnol*, 100, 4189-4199.

Timková, I., Jana Sedláková-Kaduková, J. and Prista, P (2018). Biosorption and Bioaccumulation

Abilities of Actinomycetes/Streptomycetes Isolated from Metal Contaminated Sites, *Separations,* 5(54); doi:10.3390/separations5040054

Ting, A. S. Y., Tan, S. H. i Wai, M. K. (2009). Isolation and characterization of actinobacteria with antibacterial activity from soil and rhizosphere soil. *Australian Journal of Basic and Applied Sciences*, 3, 4053-4059.

Ting, A. S. Y., Hermanto, A. and Peh, K. L. (2014). Indigenous actinomycetes from empty fruit bunch compost of oil palm: evaluation on enzymatic *and* antagonistic properties, *Biocatalysis and Agricultural Biotechnology,* 3, 310-315.

Tiwari, K. and Gupta, R. K. (2013). Diversity and isolation of rare actinomycetes: an overview, *Clinical Reviews in Microbiology,* 39, 256-294.

Ventura, M., Chancaya, C., Tauch, A., Chandra, G., Fitzgerald, G. F., Chater, K. F. and Sinderen, D. V. (2007). Genomics of actinobacteria: tracing the evolutionary history of an ancient phylum, *Microbiology and Molecular Biology Reviews,* 71, 495-548.

Zainal, N., Ser, H.L., Yin, W.F., Tee, K.K., Lee, L.H., Chan, K.G. 2016. *Streptomyces humi* sp. nov., an actinobacterium isolated from soil of a mangrove forest, *Antonie van Leeuwenhoek,* 109, 467-474.

Zainal Abidin, Z.A. Actinomycetes Diversity and Characterisation of Bioactive Compounds of *Streptomyces* from Malaysian Marine Environment. Praca doktorska. Universiti Kebangsaan Malaysia. 2013. 247p.

Zainal Abidin, Z.A., Abdul Malek, N., Zainuddin, Z., Chowdhury, A.J.K. (2015). Selektywna izolacja i aktywność antagonistyczna actinomycetes z lasów namorzynowych w Pahang, Malezja, *Frontiers in Life Science,* 9(1), 24-31

Zainal Abidin, Z.A., Chowdhury, A.J.K., Abdul Malek, N., Zainuddin, Z. (2018). Diversity, Antimicrobial Capabilities, and Biosynthetic Potential of Mangrove Actinomycetes from Coastal Waters in Pahang, Malaysia, *Journal of Coastal Research* 82, 174-179.

Zhi, X. Y., Li, W. J. i Stackebrandt, E. (2009). An update of the structure and 16S rRNA gene sequence-based definition of higher ranks of the class *Actinobacteria*, with the proposal of two new suborders and four new families and emended description of the existing higher taxa, *International Journal of Systematic and Evolutionary Microbiology*, 59, 589-608.

Zin, N. M., Sarmin, N. I. M., Ghadin, N., Basri, D. F., Sidik, N. M., Hess, W. M. i Strobel, G. A. (2007). Bioactive endophytic streptomycetes from the Malay Peninsula, *FEMS Microbiology Letters,* 274, 83-88.

Zmiany klimatyczne i obrona wybrzeża w Malezji: Przegląd

Muhammad Zahir Ramli1*, Muhammad Adil Ramzi2, Muhamad Syafiq Safwan2, Nur Adawiyah Isa2, Minhalina Ahmad2, Nur Azierah Samsu Bahari2, Kamaruzzaman, B.Y1

1Wydział Nauk o Morzu, Kulliyyah of Science, Międzynarodowy Uniwersytet Islamski Malezji, 25200 Kuantan, Pahang, Malezja
2Instytut Oceanografii i Studiów Morskich, Kulliyaah of Science, Międzynarodowy Uniwersytet Islamski Malezji, 25200 Kuantan, Malezja
Autor korespondencyjny: mzbr@iium.edu.my

ABSTRACT

Strefy przybrzeżne na całym świecie stoją w obliczu wzrostu liczby ludności w wyniku szybkiego rozwoju i ekspansji obszarów mieszkalnych, przemysłowych i turystycznych. Około 50% światowej populacji zamieszkuje obszary przybrzeżne. Przy obecnej zmianie klimatu strefy przybrzeżne są narażone na podnoszenie się poziomu morza i powodzie, które mogą doprowadzić do katastrofy w regionach nisko położonych. Wiele krajów opracowało plany łagodzenia i adaptacji, w których większość podejść polega na zmianie naturalnej linii brzegowej poprzez budowę umocnień brzegowych. Istnieje wiele kluczowych strategii wdrażania ochrony wybrzeża, których celem jest zmniejszenie lub zminimalizowanie oddziaływania na linię brzegową. Niniejszy przegląd przedstawia różne podejścia do obrony wybrzeża w Malezji, w szczególności skupiając się na erozji lub powodzi, warunkach morfologicznych i zagospodarowaniu terenu. Artykuł ten podkreśla również konieczność wprowadzenia usprawnień, aby sprostać wpływowi podnoszenia się poziomu morza. Przegląd ten przyniesie korzyści naukowcom, którzy chcieliby zbadać kluczowe parametry w projektowaniu struktury obrony wybrzeża.

Słowa kluczowe: Climate Change, Coastal Defense, Erosion, Overtopping, Coastal Management.

WPROWADZENIE

Strefy przybrzeżne to wrażliwe środowiska, które nieustannie narażone są na szkodliwe zagrożenia. Zagrożenia te wynikają zazwyczaj z masowego rozwoju i szybkiej urbanizacji obszarów przybrzeżnych, jak również ze zjawisk naturalnych, takich jak zmiany klimatyczne i podnoszenie się poziomu morza. W związku z tym podjęto wiele inicjatyw mających na celu przezwyciężenie problemów związanych ze strefą przybrzeżną, w szczególności problemów związanych z erozją linii brzegowej. Wzdłuż zagrożonych wybrzeży Malezji wybudowano liczne struktury ochrony wybrzeża. Struktury te obejmują zarówno miękkie, jak i twarde konstrukcje inżynierskie. Przede wszystkim, poprzez budowę struktur ochrony wybrzeża, można zapobiegać i ograniczać erozję i zalewanie wartościowych linii brzegowych, stabilizować plaże i rekultywowane tereny, a także podnosić walory estetyczne wybrzeża. W skali globalnej, rozprzestrzenianie się sztucznych struktur ochrony wybrzeża w środowisku morskim jest głównie związane z adaptacją do zmian klimatu, która jednocześnie ma na celu nadążanie za rosnącym komercyjnym i rekreacyjnym wykorzystaniem stref przybrzeżnych.

Jednakże, bez odpowiedniego planu i projektu przed budową struktur ochrony wybrzeża, jak również bez odpowiedniej konserwacji, w pewnych okresach czasu po zakończeniu budowy mogą potencjalnie pojawić się liczne problemy. Jednym z głównych problemów jest przerwanie transportu osadów przybrzeżnych, co w konsekwencji może prowadzić do procesu depozycji osadów. Ponadto, niewłaściwy projekt może przyczynić się do zawalenia się konstrukcji ochrony wybrzeża. Przede wszystkim problemy te wskazują na awarię struktur, a tym samym stanowią większe wyzwanie dla zarządzania wybrzeżem. Dlatego też niniejszy przegląd ma na celu omówienie kilku elementów, które obejmują główne zagrożenia dla stref przybrzeżnych, struktury ochrony wybrzeża, które zostały zbudowane w Malezji, wyzwania dla struktur ochrony wybrzeża, jak również pewne sugestie, które należy zastosować w celu przezwyciężenia istniejących wyzwań.

Główne zagrożenia dla stref przybrzeżnych

Strefy przybrzeżne doświadczają ogromnych zmian spowodowanych wprowadzeniem zarówno naturalnych, jak i antropogenicznych nacisków. Presje te bezpośrednio i pośrednio zaburzają stabilność linii brzegowych. Jednym z głównych zagrożeń jest erozja brzegów. Brak równowagi pomiędzy dostawą i eksportem materiałów, które są głównie zdominowane przez osady do i z obszaru przybrzeżnego, może być rozpoznany jako erozja linii brzegowej (Najib, Ab Ghani, Abdullah & Ahmad, 2017). Erozja linii brzegowej może być powszechnie wykryta poprzez przesunięcie linii brzegowej w kierunku lądu. Na podstawie National Coastal Erosion Study 1984, około 29% lub 1,380 km malezyjskich wybrzeży doświadczyło problemów erozyjnych, z czego 52% wystąpiło na Półwyspie Malajskim (Ministerstwo Zasobów Naturalnych i Środowiska, 2009). Urbanizacja wzdłuż stref przybrzeżnych jest jednym z głównych czynników przyczyniających się do tego zjawiska. Strefy przybrzeżne w Malezji stały się centrum miejskiej i wiejskiej działalności gospodarczej, przy czym aż 70% malezyjskiej populacji mieszka w obrębie obszarów przybrzeżnych (Najib i in., 2017).

Poza tym, naturalne składniki takie jak wiatr, fale, pływy i prądy morskie są również zaliczane do czynników przyczyniających się do erozji wybrzeża. W niektórych miesiącach roku, Malezja Półwyspowa jest szczególnie podatna na zjawiska związane z wiatrem, które znane są jako pory monsunowe. Zjawiska te w konsekwencji pogarszają problemy związane z erozją wybrzeża. Badania pokazują, że istnieje wzrost przypadków erozji wybrzeża w Malezji Półwyspowej od 2013 do 2017 roku (Yanalagaran, et al. 2019). Generalnie można zaobserwować znaczącą korelację pomiędzy średnimi prędkościami wiatru a liczbą przypadków erozji (rys. 1). Stwierdzono, że w miesiącu lutym i grudniu najwyższe przypadki erozji wybrzeża są zrównane z najszybszą średnią prędkością wiatru. Te dwa miesiące przypadają na okres trwania północno-wschodniej pory monsunowej, która trwa od listopada do marca. Z drugiej strony, podczas monsunu południowo-zachodniego, który trwa od maja do września, obserwuje się najmniejszą liczbę przypadków erozji z pewnymi wahaniami. Innymi słowy, występowanie monsunu północno-wschodniego wywiera większy wpływ na erozję wybrzeża w Malezji Półwyspowej niż monsunu południowo-zachodniego.

Ponadto, spośród 14 stanów Malezji Półwyspowej, dziewięć z nich boryka się z problemem erozji wybrzeża. Do takich stanów należą Johor, Melaka, Negeri Sembilan, Kelantan, Pahang, Pulau Pinang, Perak, Selangor i Terengganu (tab. 1). W Malezji, na podstawie National Coastal Erosion Study 2015, aż 44 plaże doświadczyły erozji jako całość i zostały zakwalifikowane do kategorii 1, która jest określana jako przypadki krytyczne (Department of Irrigation and Drainage Malaysia, 2015).

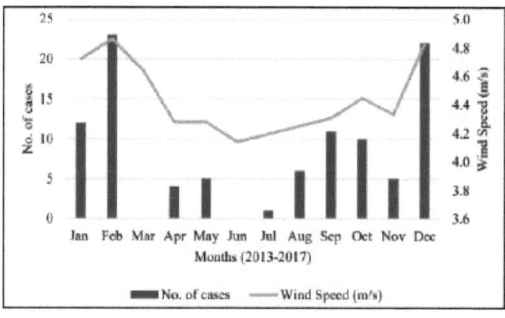

Fig. 1. Graphs of wind speed and number of coastal erosion cases in Peninsular Malaysia (Yanalagran et al., 2019)

Tabela 1: Długość skorodowanej linii brzegowej na różnych plażach w Malezji

Państwo	Plaża	Długość skorodowanej linii brzegowej (m)
Kedah	Pantai Pasir Hitam	345.5
	Kampung Penarek	134.1
	Kampung Padang Salin	649.5
Pulau Pinang	Persiaran Bayan Indah	1138.4
	Taman Molek	438.7
	Persiaran Bayan Mutiara	610
	Kampung Benggali	263
	Kampung Kuala Muda	598.1
	Na zachód od Kampung Benggali	828.1
	Kampung Permatang Rawa	1678.1
Perak	Kuala Kurau	1861
Selangor	Kampung Batu Laut	1384.9
	Pantai Jeram - Pantai Remis	3438.5
Negeri Sembilan	Pantai Teluk Kemang, Batu 8	2314.7
	Taman Tuah Batu	1621.8
	The Regency Tanjung Tuan Beach Resort, Batu 5	459.1
	Kampung Gelam	264
	PD Waterfront	131.9
	Biuro rejonowe w Port Dickson	734.4
Melaka	Kampung Portugis	219.4
Pahang	Pantai Cherating	1004.7
	Taman Gelora	497.6
Terengganu	Kampung Teluk Budu	1763
	Taman Geliga	1921
	Pantai Kemasik	308
	Pantai Seberang Takir	935
	Pantai Teluk Lipat	802
	Pantai Paka (Sand Pit)	2557
	Kampung Pak Tuyu	16426
	Kampung Aur	1657
Kelantan	Pantai Kundor-Pantai Cahaya Bulan	952
	Pantai Mek Mas	997
Sarawak	Na północny wschód od Sungai Maludam	2286.5
	Na południe od Tanjung Bungai	3557.1
	Tanjung Paloh	3865.2
	Kampung Semarang	3484.2
	Kampung Santubong	408.2
	Kampung Buntal	1527.7
	Sebangan Bajong (Kampung Sungai Rama)	3465.4
Sabah	Jalan Putatan	841.6
	Kampung Marasimsim	814.8
	Tanjung Tunku	1314.4
Pulau Labuan	Pantai Sungai Pagae w pobliżu Labuan	597.2

Ogólna obrona wybrzeża

Obszar przybrzeżny to dynamiczna strefa, która jest silnie zaludniona i zazwyczaj aktywna gospodarczo, jak port, przemysł turystyczny i inna infrastruktura. Oprócz tego, obszar przybrzeżny jest również domem dla wielu zwierząt i roślin morskich, takich jak lasy namorzynowe, koralowce, diugonie i wiele innych. Jednakże, rozwój wzdłuż strefy przybrzeżnej w dzisiejszych czasach spowodował presję na ten obszar. Erozja wybrzeża jest powszechnym problemem występującym w obszarach strefy przybrzeżnej. Według Foti et al., (2020), erozja wybrzeża jest konsekwencją działalności człowieka i niezrównoważonych zmian naturalnych spowodowanych dynamicznymi działaniami takimi jak fale, prądy i wiatry, co skutkuje cofaniem się i utratą osadów w obszarze przybrzeżnym. Ponadto, działania antropogeniczne, takie jak urbanizacja, wydobycie piasku i projekty związane z zasobami wodnymi są głównymi czynnikami erozji brzegu, ponieważ działania te zakłócają i zmniejszają transport osadów do obszaru plaży.

Struktury obrony wybrzeża można podzielić na dwie kategorie: twarde konstrukcje inżynierskie i miękkie konstrukcje inżynierskie. Pierwsza kategoria obejmuje struktury takie jak falochrony, falochrony, pirsy oraz falochrony (Hamakareem, 2012). Tymczasem instalacja struktur geotekstylnych, sztuczne rafy, palowanie hydrauliczne, odwadnianie plaż, obejście i odżywianie plaż to jedne z powszechnych metod, które są stosowane w przypadku miękkich struktur inżynieryjnych (Atlantic Network for Coastal Risks Management, 2017). Chociaż wszystkie te struktury odgrywają podobną rolę w ochronie delikatnych obszarów przybrzeżnych, ich instalacja różni się w zależności od różnych potrzeb i sytuacji.

Rola obrony wybrzeża w Malezji Malezja Półwyspowa
Półwysep Wschodniobrzeżny

Wschodnie wybrzeże Malezji jest regionem najbardziej narażonym na erozję w porównaniu z wybrzeżem zachodnim, dlatego też w tej strefie zbudowano więcej zabezpieczeń brzegowych. W północnej części Wschodniego Wybrzeża Malezji, Terengganu jest jednym ze stanów, które są najbardziej narażone na erozję w porze monsunowej. Terengganu wdrożyło różne środki ochrony wybrzeża, takie jak falochrony, groble i umocnienia skalne. Według Ariffin et al., (2019) linia brzegowa Kuala Terengganu doświadcza corocznej pory monsunowej, która wymaga wdrożenia obrony wybrzeża w celu ochrony obszaru przybrzeżnego przed erozją. Poza tym, struktury przybrzeżne zbudowane w tym regionie mają również na celu zmniejszenie wpływu rozwoju wybrzeża. Według Syakir et al., (2020), w odległości około 4 km od Kuala Nerus zbudowano wiele umocnień brzegowych, aby zmniejszyć wpływ erozji spowodowanej budową lotniska Sultan Mahmud.

Następnie Pahang wdrożył również obronę wybrzeża, aby zmniejszyć problem erozji, który głównie ze względu na porę monsunową i ciężki zrzut rzeki z rzeki Pahang. Według Amri Mohd et al., (2018) region przybrzeżny Pahang od Cherating do Pekan jest podatny na północno-wschodni monsun, podczas gdy Kuala Pahang doświadczyła problemu erozji na poziomie 5 ze względu na wysoki ładunek osadów usuwanych z rzeki Pahang. Aktywnie budowano falochrony i umocnienia skalne, zwłaszcza w porcie Tg Gelang i Kuala Pahang, gdzie te dwa obszary zostały poważnie uszkodzone. W południowej części wschodniego wybrzeża, w Tanjung Piai, położonym w Johor, występują poważne problemy z erozją spowodowane żeglugą i rozwojem wybrzeża. Aby ograniczyć rozszerzanie się erozji, zastosowano różne środki ochrony wybrzeża, takie jak worki z geowłókniny, umocnienia skalne, rury z geowłókniny i miękkie umocnienia skalne. Według Awang, Jusoh, & Hamid, (2014), seria środków ochrony wybrzeża zostały wdrożone od 2003 roku, począwszy od worków geowłókniny, ściany morskie w 2007 roku do skalnego obwałowania przy użyciu miękkiej skały w 2010 roku, problem erozji na miejscu Ramsar nadal trwa.

Półwysep Wschodniobrzeżny

Region zachodniego wybrzeża Malezji Półwyspowej otrzymuje mniejsze uderzenia fal od otwartego morza w porównaniu z regionem wybrzeża wschodniego. Jednak erozja wybrzeża w regionie zachodniego wybrzeża została zgłoszona ze względu na ciężką działalność żeglugową wzdłuż cieśniny i usuwanie namorzynów w celu rozwoju wybrzeża. Według Shin, Kim, Hakam, & Istijono, (2019), obszar przybrzeżny zachodniego wybrzeża jest zdominowany przez siedlisko namorzynowe. Jednak od lat 80. XX wieku ilość namorzynów wzdłuż wybrzeża zmniejszyła się z powodu rozwoju wybrzeża, który promuje

erozja wybrzeża. Wdrożenie ochrony wybrzeża na zachodnim wybrzeżu jest bardziej ukierunkowane na miękką inżynierię, aby wspierać wzrost namorzynów jako naturalnej bariery. Ponadto konwencjonalne metody, takie jak betonowe umocnienia, rzeczywiście zapobiegają erozji wybrzeża, jednak nie promują naturalnego odżywiania osadów. W związku z tym, podejście miękkiej inżynierii jest preferowane i odpowiednie dla płaskich osadów mulistych w regionie zachodniego wybrzeża. Na przykład, wdrożenie falochronów geotubowych w Sungai Haji Dorani Selangor okazało się sukcesem, ponieważ falochrony geotubowe są bardziej odpowiednie w obszarach o mniejszych siłach hydrodynamicznych.

Następnie, wysiłki związane z przesadzaniem namorzynów są również odpowiednie dla regionu zachodniego wybrzeża. Wyspa Carey położona w Selangor doświadczyła wcześniej ekstremalnej utraty namorzynów z powodu działalności antropogenicznej. Wynika to z położenia wyspy Carey, która jest oddalona o 70 km od Portu Klang, będącego również głównym czynnikiem cofania się namorzyn. Aby zapobiec wpływowi utraty namorzynów na erozję, przeprowadzono zorganizowane przesadzanie namorzynów. Według Bakrin Sofawi, Rozainah, Normaniza, & Roslan, (2017), strukturalne przesadzanie namorzynów, które wykorzystało sztuczny obwałunek i eko łamacz fal okazało się sukcesem.

Sabah i Sarawak
Wdrożenie obrony wybrzeża w Sabah i Sarawak jest bardzo ograniczone w literaturze. W oparciu o NCES 2015, piaszczyste plaże są powszechne na wybrzeżu Sarawak, podczas gdy glina i muł są powszechnymi glebami wzdłuż wybrzeża Sabah. Ogólnie rzecz biorąc, glina i muł są związane z lasami namorzynowymi, które stanowią naturalną ochronę przed falami. Jednak obszary namorzynowe zmniejszają się obecnie z powodu działania fal, klęsk żywiołowych i działalności człowieka, w tym rozwoju turystyki w strefach przybrzeżnych, takich jak kurorty i schroniska. Wśród sztucznych środków obrony wybrzeża wdrożonych w Sabah jest użycie sztucznej struktury do odbudowy strat w linii brzegowej na wyspie Selingan, Sandakan. Według Chen, Saleh, Yap, & Isnain, (2018), wyspa Selingan jest słynnym miejscem gniazdowania żółwi i częścią Turtle Island Park (TIP), która doświadczyła erozji plaży, co spowodowało zmniejszenie obszaru gniazdowania. Dlatego też wynaleziono i wdrożono sztuczne struktury w postaci piłek rafowych, aby przywrócić erozję plaży. Wprowadzenie struktury zwiększyło powierzchnię piaszczystej plaży w południowej części wyspy.

Następnie, podobnie jak Sabah, Sarawak również mniej udokumentował ostatnią strukturę przybrzeżną zastosowaną do stanu. Ostatnio opublikowane obrony wybrzeża Sarawak było w 2018 roku, co było wpływem erozji w regionie przybrzeżnym Miri z powodu dużego obciążenia osadami z rzek. Według Anandkumar et., (2018), przeprowadzono badanie od rzeki Baram do Bungai Beach, które obejmowało 11 ważnych miejsc turystycznych i plaż handlowych na około 74 km w celu określenia akrecji i erozji wzdłuż brzegu. Ocena wykazała, że wzór akrecji rozpoczął się po wybudowaniu falochronu, falochronów i umocnień skalnych wzdłuż erodowanego obszaru. 546 akrów obszaru erozji odzyskał do 746 akrów po realizacji struktury obrony wybrzeża.

Zastosowania różnych typów obrony wybrzeża w Malezji
Zarządzanie kwestiami związanymi z wybrzeżem, takimi jak erozja wybrzeża, może być skutecznie realizowane jedynie poprzez zastosowanie odpowiednich metod i technik. Obejmuje to wykorzystanie ochrony wybrzeża, obejmującej zarówno twardą jak i miękką obronę (Williams et al., 2018). Każda z tych zabezpieczeń brzegowych może być wykorzystywana do różnych zastosowań i celów w zależności od potrzeb i napotkanych warunków.

Miękka inżynieria

Odżywianie

Wypełnienia plaż lub odżywianie plaż odnosi się do dodawania piasku na dotkniętej lub erodowanej plaży w celu zwiększenia szerokości i wysokości plaży. Ta miękka technika inżynieryjna może być znaleziona na całym świecie, głównie w strefie przybrzeżnej z masowym rozwojem, ponieważ funkcjonuje w celu zmniejszenia wpływu erozji nie do opanowania. Według Mangor et al., (2017), odżywianie można podzielić na pięć typów, które są: odżywianie wydm, odżywianie brzegu, odżywianie plaży, odżywianie powierzchni brzegu i odżywianie profilu (rysunek 2). Każdy rodzaj zasilania ma inny cel, na przykład zasilanie wydmy ma na celu wzmocnienie wydmy przed naruszeniem podczas ostrej erozji, podczas gdy zasilanie brzegu tylnego ma na celu wzmocnienie górnej części plaży (u podnóża wydmy).

Odżywianie jest jednym z podejść, które jest bardzo elastyczne i dobrze przystosowane do adaptacji do wzrostu poziomu morza, ponieważ ponowne odżywianie może być łatwo dostosowane. Dzięki tej metodzie, inwestycje przybrzeżne, jak również wartość plaży mogą być utrzymane i zachowane odpowiednio dla dobra turystyki i rekreacji (Masria et al., 2015). Główną zaletą tej miękkiej obrony jest jej zasada działania, która jest bardzo elastyczna i pozwala na ciągłe przesuwanie piasku w odpowiedzi na zmieniające się fale i poziom wody. Ponadto, dodanie osadów, które zaspokajają siły erozyjne, może następnie zmniejszyć wpływ erozji wybrzeża, zapewniając jednocześnie korzyści dla obszarów przyległych poprzez dystrybucję osadów przez dryf wzdłuż brzegu. Mimo to technika ta nadal nie może być uznawana za najlepsze rozwiązanie, ponieważ jest to okresowe zasilanie, a nie stałe. Poza tym, dodawanie osadów może ostatecznie mieć negatywny wpływ na środowisko poprzez bezpośrednie grzebanie zwierząt i organizmów żyjących na plaży (Masria et al., 2015). W Malezji większość plaż, które stały się atrakcją turystyczną, wykonała zabiegi odżywiania plaż, na przykład w Teluk Chempedak, Pahang.

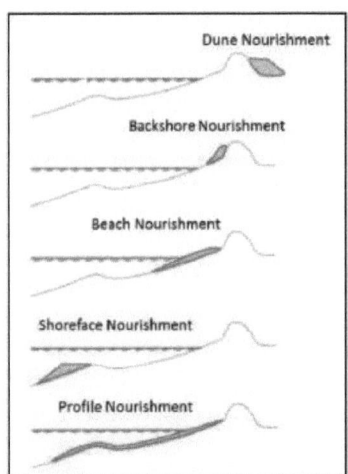

Rys. 2: Różne rodzaje podejścia do odżywiania

Odpływ plażowy

Odpływ plażowy lub znany jako odwadnianie plaży jest systemem, który opiera się na drenażu w plaży. W oparciu o Mangor *et al* (2017), odwodnienie plaży pomaga podnieść poziom plaży w pobliżu rury instalacyjnej, co bezpośrednio poprawia szerokość plaży. Podejście do drenażu plażowego jest zawsze wspierane przez systemy modułów wyrównujących ciśnienie (PEM). Są to pionowe rury, które ułożone wzdłuż plaży tworzą matrycę i pomagają w akumulacji piasku w celu zmniejszenia erozji. System PEM poprawia i zwiększa zdolność plaży do drenażu, co sprawia, że więcej wody może być odprowadzane w górnej warstwie plaży. W ten sposób więcej piasku zostaje zdeponowane, a nie zmyte przez fale. Dzięki temu poziom wód gruntowych może być utrzymywany na niskim poziomie (Masria i in., 2017). Zastosowanie systemu odwadniania plaży jest najlepsze dla piaszczystych plaż, które są narażone na przypływy i czasami umiarkowanie narażone na działanie fal. Jest to również dobre dla plaży, która ma tylko niewielką erozję, aby zmniejszyć koszty potrzebne. Jednak tit nie jest odpowiedni do stosowania systemu odwadniania plaży, gdy plaża jest poważnie uszkodzony z powodu erozji i erozji, które spowodowane przez wzrost poziomu morza. W Kuantan, system PEM został zastosowany w 2004 roku w celu walki z erozją wybrzeża. Ocena po procesie monitorowania wykazała, że systemy PEM i metody odżywiania plaży w Kuantan są skuteczne w zwalczaniu nie tylko niewielkiej erozji, ale także wzrostu szerokości i poziomu plaży.

Odnowa bagien i namorzynów

Restytucja jest procesem, który ma na celu przywrócenie systemu do stanu sprzed jego powstania (Schmitt & Duke, 2015). Definicja renaturyzacji bagien i namorzynów odnosi się do ochrony stabilności platformy bagiennej i namorzynowej przed erozją i powodzią. Las namorzynowy działa jako naturalna bariera pochłaniająca i rozpraszająca energię fal z wody morskiej. Stabilność tych platform będzie zagrożona, jeśli roślinność w pasie ulegnie zniszczeniu (Mangor i in., 2017). Ochrona niskiej platformy przybrzeżnej wymagała skutecznego zarządzania i dobrego udziału społeczeństwa, szczególnie społeczności przybrzeżnej. Namorzyny pomagają jako naturalna bariera, aby przezwyciężyć wszelkie zakłócenia lub klęski żywiołowe tj. tsunami lub fale sztormowe, które mogą mieć wpływ na właściwości przybrzeżne wokół obszarów przybrzeżnych. Odbudowa namorzynów może być przywrócona poprzez nałożenie ograniczeń działalności w obszarze namorzynów, sadzenie nowych roślin namorzynowych przywróci naturalny przepływ w obszarze namorzynów. W przypadku pomostów bagiennych, można je przywrócić poprzez promowanie naturalnego wzrostu bagien poprzez budowę osadników mułowych na płytkich wodach pływowych w celu wzmocnienia wzrostu bagien. W Malezji rząd przeznaczył pewną ilość funduszy na rekultywację namorzyn w ramach 9. Planu Malajskiego, a niewielki budżet został przeznaczony na prowadzenie badań i rozwoju w tym zakresie (Rahman & Asmawi, 2016). Aby program restytucji był skuteczny, konieczne jest dobre planowanie i świetna ocena terenu, aby zapewnić przetrwanie pasa namorzynów w niskiej strefie przybrzeżnej. Udaną odbudowę namorzynów w Malezji można zaobserwować na wyspie Carey, gdzie odbudowa została wsparta sztucznym obwałowaniem i ekologicznym łamaczem fal.

Rys. 3: Naturalne odrodzenie *Rhizophora apiculata*

Inżynieria twarda
Falochrony
Falochron odnosi się do struktury zbudowanej w celu utworzenia sztucznego portu z basenem, który jest chroniony przed efektami falowania. Falochron może być podzielony na dwa główne typy, a mianowicie falochron wolnostojący i falochron zanurzony. Różnice w zastosowaniu tych konstrukcji polegają na tym, że pierwszy z nich pomaga promować równomierne rozmieszczenie materiału litoralnego wzdłuż linii brzegowej, natomiast drugi pomaga chronić porty i kanały żeglugowe przed działaniem fal. W ten sposób można stworzyć spokojny obszar dla statków i działalności turystycznej. Poprzez absorpcję fal, falochron pomaga w zmniejszeniu energii fal w zawietrznej części falochronu, tworząc w ten sposób naturalnie salient lub tombolo za strukturą, które są w stanie wpłynąć na transport osadów wzdłuż lądu (Shin et al., 2019). Nie tylko to, obecne projekty falochronów, szczególnie typu zatapianego mają tendencję do

służyć innemu celowi jako wielofunkcyjna sztuczna rafa, która pośrednio może pomóc w rozwoju siedlisk ryb, chroniąc jednocześnie wybrzeże.

Niemniej jednak, główne wyzwania w wykorzystaniu falochronów jako ochrony wybrzeża są stosunkowo bardzo trudne do zbudowania i wymagają specjalnego projektu w celu uzyskania skutecznego rezultatu. Przy budowie falochronu należy wziąć pod uwagę pewne parametry, takie jak wpływ na środowisko, badania geotechniczne, sprzęt używany do pozyskiwania niezbędnych osadów oraz badania hydrograficzne. Ponadto struktury te są również dość podatne na silne działanie fal, więc wymagają dodatkowych struktur, aby je wspierać (Izzat i in., 2018). Powszechna awaria w falochronie zwykle pochodzi z jego elementów konstrukcyjnych i przewrócenia ściany. W Terengganu zbudowano szereg falochronów, aby zmniejszyć wpływ erozji spowodowany budową przedłużenia lądowania na lotnisku, które znacznie zmieniło transport osadów i znacznie erodowało Pantai Tok Jembal.

Rys. 4: Pojedynczy zamocowany falochron w Terengganu

Groynes
Z drugiej strony groty są strukturami, które są zbudowane prostopadle do linii brzegowej i działają w celu zablokowania części dryfu litoralnego poprzez zatrzymywanie i utrzymywanie piasku w obszarach nadbrzeżnych. Dzięki zastosowaniu grot można ograniczyć skutki erozji w miarę zbliżania

98

się do linii brzegowej poprzez zmianę wzorców prądów i fal. Groty mogą mieć różne formy: wynurzone, pochyłe lub zanurzone, mogą występować pojedynczo lub w skupiskach, zwanych polami grodzy. Jeśli chodzi o stosowane materiały, groble mogą być drewniane, palowe, betonowe, gruzowiskowe, jak również wypełnione piaskiem (Masria i in., 2015). Różne rodzaje materiałów mogą być stosowane w różnych warunkach, w zależności od wymaganego poziomu ochrony. Poza tym, struktura ta jest korzystna do stosowania szczególnie w obszarach turystycznych, ponieważ może budować plażę, co skutkuje szerszą plażą, która jest w stanie przyciągnąć turystów. Mimo to, wadą tej struktury jest to, że wymaga częstej konserwacji, która jest ograniczona tylko do obszarów o średnich falach. W przeciwnym razie silne fale będą przenikać do czoła klifu, powodując jego dalszą erozję (Williams et al., 2018).

Ściany morskie

Seawall to twarda konstrukcja, która została zbudowana wzdłuż linii brzegowej, u podnóża ewentualnych wydm. Seawall został zbudowany, aby zapobiec problemom z erozją i cofaniem się linii brzegowej poprzez ochronę linii brzegowej przed działaniem fal i fal sztormowych. Nie tylko to, mury zapewniają również inne korzyści, takie jak możliwości zwiedzania i działalności rekreacyjnej. Jest on zaprojektowany, aby chronić linię brzegową poprzez opieranie się sile pochodzącej z fale sztormowe. Typowy falochron ma zazwyczaj strukturę pochyłą, która może być gładka, schodkowa lub zakrzywiona. Ogólnie rzecz biorąc, istnieją trzy konstrukcje falochronu: konstrukcja z nasypu gruzowego, konstrukcja blokowa oraz konstrukcja stalowa lub drewniana. Czasami jako uzupełnienie falochronu stosuje się również falochron spowalniający proces rozmycia u podstawy falochronu, a czasami stosuje się pojedynczą konstrukcję w miejscach mniej narażonych na rozmycie. Jeśli palisada falochronu zostanie uszkodzona, spowoduje to przewrócenie się ściany. Jest to główny powód, dla którego większość zbudowanych falochronów zawiodła. Dlatego ważne jest zapewnienie ochrony palisady podczas procesu projektowania falochronu. Budowa falochronów może być kosztowna, ale przy bardzo dobrze zaplanowanych i zaprojektowanych konstrukcjach może być najlepszym rozwiązaniem dla ochrony wybrzeża (Strain i in., 2018; Strain i in., 2020).

Rys. 5: Prosta konstrukcja falochronu w Padang Kota Lama, Penang Esplanade

Rewir

Rewal jest strukturą pasywną, konstrukcją równoległą do brzegu, która jest zbudowana podobnie jak falochron, z tą różnicą, że rewel jest zbudowany z większym poziomym nachyleniem, bardziej pochyłym niż falochron. Falochron jest strukturą pionową, natomiast refulat ma wyraźne nachylenie (Paeniu i *in.*, 2015). Według Sadeghi & Al-Othman (2019), mury oporowe są konstrukcją równoległą do linii brzegowej w celu ochrony wybrzeża przed erozją poprzez pochłanianie i redukcję energii fal zanim dotrą one do brzegów. Zapobieganie nie chroni jednak przed powodzią i jest traktowane jako uzupełnienie innych typów konstrukcji, takich jak falochrony czy wały przeciwpowodziowe. Istnieją dwie wspólne grupy umocnień: odsłonięte i zakopane. Jeśli chodzi o odsłonięte umocnienia, istnieje wiele rodzajów, które można znaleźć, takie jak beton blokowy (Flex Slabs), bloki betonowe, siatka wypełniona kamieniami i geowłóknina z piasku.

Dodali oni, że istnieją trzy ważne części w umocnieniach: i) warstwa pancerza, ważna część chroniąca przed działaniem fal, ii) strefa filtrująca, blokująca osady i pozwalająca na przepływ wody oraz iii) powłoka palisadowa, chroniąca konstrukcję przed przemieszczaniem się i zapewniająca niezbędne wsparcie. Jedno z zastosowań umocnień można zaobserwować w Sungai Burung, Selangor, gdzie zastosowano uproszczoną jednostkę pancerza "H" lub SAUH jako betonowe umocnienia do ochrony skarp i obwałowań (Department of Irrigation and Drainage Malaysia, 2017). Niemniej jednak, umocnienia wykazują duży wpływ wizualny na krajobraz, co może być gorsze, ponieważ może sprawić, że niektóre plaże staną się niedostępne dla ludzi.

Rys. 6: Zabezpieczenie z płyt giętkich wzdłuż brzegu rzeki w Labuan

Rys. 7: SAUH stosowane w Sungai Burung, Selangor

Rys. 8: Przykłady uszkodzeń betonowego obwałowania blokowego w Malezji: Po lewej: rozmycie palców (Penang). Po prawej: Nadsypanie (Labuan).

Zastosowania różnych typów obrony wybrzeża w Malezji
Rura geotekstylna na piaszczystym wybrzeżu Teluk
Kalong, Malezja

Silna erozja piaszczystej plaży stała się poważnym problemem w Teluk Kalong, jednym z popularnych miejsc turystycznych w Malezji. Jest to spowodowane działaniem gwałtownych fal oraz monsunu północno-wschodniego, w którym wysokość fal może osiągnąć odpowiednio 1,8 metra i 4,8 metra. Ze względu na te czynniki, projekt naprawczy w ramach Departamentu Robót Publicznych został przeprowadzony w celu przeciwdziałania temu problemowi. Ten projekt odbudowy plaży ma na celu zwiększenie wartości nabrzeża i zmniejszenie poziomu erozji przy minimalnych kosztach (Lee et al., 2014). Do realizacji tego projektu wykorzystano struktury geowłókninowych rur geosyntetycznych, które są często stosowane do ochrony wybrzeża. Poza niskim kosztem i szybką instalacją, rura geotekstylna została zastosowana ze względu na jej zdolność do obrony wybrzeża i wymaga tylko prostego sprzętu.

Wzdłuż linii brzegowej, odcinek o długości 500 m pokryty jest rurami geotekstylnymi o średnicy 3,5 i znajduje się 150 m od brzegu. Dzięki tej ochronie wybrzeża stwierdzono, że zastosowanie rur geotekstylnych jest skuteczne w tym projekcie, ponieważ nastąpił wzrost średniej grubości osadów o 1,8 m, przy szacunkowej akumulacji 87 317 m3 osadów (Lee i in., 2014). Dzieje się tak dlatego, że odbudowa plaży pomaga w obniżeniu poziomu wody po zawietrznej stronie rur geotekstylnych, a tym samym zmniejsza siły fal przychodzących docierających do plaży. W ten sposób, napływająca energia dynamiczna, która prowadzi do erozji brzegu jest zredukowana, co skutkuje niskim tempem erozji (Lee et al., 2014). Różnice w stanie plaży przed i po instalacji rur geotekstylnych przedstawiono na Rysunku 9.

Rys. 9: Stan plaży (a) przed i (b) po instalacji rur geotekstylnych (2007 - 2008)

Falochrony z piłek rafowych na wyspie Selingan

Zastosowanie sztucznej struktury można zaobserwować na wyspie Selingan, jednej z wysp Parku Wysp Żółwich (TIP), która jest stale dotknięta erozją plaży. Jako miejsce turystyczne, które oferuje turystom doświadczenie gniazdowania żółwi, erozja spowodowana wpływem pór monsunowych, ekstremalnych wydarzeń i lokalnych procesów przybrzeżnych powoduje różne szkody, szczególnie w siedlisku i infrastrukturze. Z tego powodu, Parki Sabah rozpoczęły współpracę z Reef Ball Foundation w celu zainstalowania piłek rafowych jako ochrony wybrzeża. Łącznie 290 zestawów piłek rafowych zostało zainstalowanych w południowej części wyspy, układając je w trzy różne rzędy w celu zapewnienia stabilności (Chen i in., 2018). Rozmieszczenie piłek rafowych zainstalowanych na wyspie Selingan przedstawiono na rysunku 4. Oprócz stabilizacji linii brzegowej poprzez tłumienie i załamywanie fal jako zanurzony falochron, kule rafowe funkcjonują również jako dom dla różnych gatunków życia morskiego.

102

Dzięki zastosowaniu tej struktury przybrzeżnej, proces osadzania się piasku wykazał wzrost od roku 2010 do roku 2017 w południowej części wyspy Selingan. Dzieje się tak z powodu fali, która pęka, gdy wchodzi w kontakt z kulami rafy, zmniejszając w ten sposób energię fali, gdy woda zbliża się do brzegu, zmniejszając wpływ erozji. Poza tym odnotowano również aktywność żółwi w zakresie gniazdowania w porównaniu z sytuacją sprzed instalacji kulek rafowych, co wskazuje na to, że wykorzystanie rafy

Falochron z kulami na wyspie Selingan można uznać za skuteczny (Chen i in., 2018). Pomimo tego, głównym wyzwaniem, które wiąże się z tym projektem, jest to, że wydajność piłek rafowych w ochronie linii brzegowej jest wysoce zależna od energii fal przychodzących. Tak więc, tylko wtedy, gdy energia fal jest niska, kule rafowe są w stanie funkcjonować w spowalnianiu fal i umożliwiając osadzanie piasku na tych strukturach lub w pobliżu (Chen i in., 2018).

Rys. 10: Rozmieszczenie kulek rafowych na wyspie Selingan

Stan wiedzy na temat sukcesów i porażek obrony wybrzeża w Malezji

W oparciu o to, co zostało przeanalizowane, jest w pełni zrozumiałe, co zostało zrobione w zakresie wdrażania obrony wybrzeża w przygotowaniu do wyzwań stojących przed obszarami przybrzeżnymi. Jednakże, zawsze istnieje ryzyko negatywnych skutków, jeśli proces wyboru i rozwoju jest ignorowany przez odpowiedzialne agencje. W związku z tym procesy przed- i po-rozwojowe są również istotne dla zapewnienia sukcesu projektów mających na celu przezwyciężenie tych wyzwań. Dlatego też należy pamiętać, że wybór struktur obrony wybrzeża, zarówno twardych jak i miękkich, musi być odpowiedni do ochrony linii brzegowej. Ogólnie rzecz biorąc, dobry stan i środowisko obszarów przybrzeżnych są niezbędne, aby uzyskać dostęp do zdolności opcji obrony wybrzeża do wykonywania zgodnie z wymaganiami (Chadwick, A., 2020). Przyczyny i skutki wyzwań związanych z wybrzeżem muszą być zawsze brane pod uwagę przy pracach związanych z ruchem litoralu. Wynika to z faktu, że realizacja struktur przybrzeżnych może wpłynąć na morfologię wybrzeża i spowodować erozję lub akrecję linii brzegowych. Na przykład, w niektórych przypadkach, drogi sedymentacji mogą pochodzić ze źródeł przybrzeżnych, podczas gdy w innych przypadkach, procesy te mogą już nie być aktywne. W związku z tym w niniejszym przeglądzie podkreślono, że przy wyborze opcji i projektowaniu obrony wybrzeża należy wziąć pod uwagę przydatność morfologii wybrzeża jako podstawy.

Ponadto, miękkie środki ochrony, takie jak uzupełnianie piasku, byłyby lepsze jako naturalna ochrona przed erozją wybrzeża i powodziami. Podejście to jest uważane za przyjazne dla środowiska ze względu na nienaruszony krajobraz plaży w porównaniu do twardej obrony. Jednakże, to podejście wymaga ciągłej konserwacji poprzez coroczne dodawanie piasku i gontów, ponieważ poprzednio zdeponowane materiały plażowe zostały zmyte przez fale. Niemniej jednak, gdy życie ludzkie i majątek ludzki mogą być zagrożone i muszą być chronione, użycie twardych elementów do obrony może być istotne i nieuniknione. Co ważne, konstrukcje twarde, takie jak groble, falochrony i gabiony morskie, korzystnie wpływają na pochłanianie energii fal i ochronę linii brzegowej przed wyzwaniami związanymi z wybrzeżem. Warto zwrócić uwagę, że różne warianty przybrzeżnych budowli obronnych mają różną żywotność i koszty utrzymania. Dlatego też przed wdrożeniem tych zabezpieczeń przed wyzwaniami wybrzeża należy przeprowadzić kompleksowe rozważania.

PODSUMOWANIE

Erozja brzegów morskich może być uważana za proces naturalny, który zachodzi w sposób ciągły w wyniku oddziaływania wiatru, fal, pływów i prądów morskich. Jednak ze względu na zakłócenia wynikające z działalności człowieka, takie jak urbanizacja i intensywny rozwój, jak również globalne zmiany klimatyczne i podnoszenie się poziomu morza, erozja wybrzeża erozja staje się poważna i niekontrolowana. Dlatego też, aby rozwiązać ten problem, wykorzystuje się infrastrukturę przybrzeżną. W Malezji różne typy obrony wybrzeża mają różne role i zastosowania w zależności od położenia geograficznego. W przypadku zachodniego wybrzeża są to: wybrzeże błotniste, umocnienia skalne i obwałowania brzegowe. W międzyczasie, obrona wybrzeża, taka jak falochrony, groble i refulacja skalna są bardziej znane z użycia na piaszczystym wybrzeżu wschodniego wybrzeża. Dodatkowo, obwarowania skalne, gabiony i groty są najczęściej używane w Sarawak, podczas gdy skały pancerne, obwarowania skalne, blok Labuan i ściany morskie są używane w Sabah.

Zarówno twarde, jak i miękkie struktury są podatne na różne formy zastosowania, jak również na wyzwania związane z ochroną wybrzeża. Pomimo zdolności falochronów do skutecznej ochrony linii brzegowej poprzez przekierowywanie energii fal z powrotem do wód oceanu, są one znane jako bardzo kosztowne, wymagają dużej przestrzeni i są wysoce zależne od rozmiaru i kształtu falochronu. W przypadku grodzic, które zapewniają ochronę dla obszaru wyżynnego, wyzwaniem jest niemożność ich zastosowania w obszarach o wysokiej energii. Z drugiej strony, grodzie są stosowane w celu zmniejszenia skutków erozji poprzez zmianę wzorców prądów i fal. Wymagają one jednak częstej konserwacji i powinny być stosowane tylko na obszarach o średnich falach. Natomiast falochrony są powszechnie stosowane do tworzenia sztucznych portów poprzez redukcję energii fal w zawietrznych częściach falochronów. Niemniej jednak, proces budowy jest dość skomplikowany, a dodatkowe struktury są zwykle potrzebne, aby zapewnić wsparcie dla falochronów. Jeśli chodzi o miękką obronę, odżywianie plaży jest jedną z tymczasowych opcji redukcji skutków erozji bez niszczenia krajobrazu plaży. Innym rodzajem miękkiej obrony są wydmy, które zatrzymują i stabilizują wydmuchiwany piasek i wykazują niewielkie negatywne oddziaływanie, jednak można je stosować tylko na wybrzeżach o mniejszym stopniu rozwoju.

REFERENCJE

Ab Razak, M.S., Suryadi, F.X., Jamaluddin, N., and Mohd Noor, N.A.Z. (2018). Shoreline Planform Stability of Embayed Beaches Along the Malaysian Peninsular Coast. In: Shim, J.-S.; Chun, I., and Lim, H.S. (eds.), Proceedings from the International Coastal Symposium (ICS) 2018 (Busan, Republic of Korea). Journal of Coastal Research, Special Issue No. 85, pp. 631-635. Coconut Creek (Floryda), ISSN 0749-0208. Retrieved from file:///C:/Users/user/AppData/Local/Temp/SI85- 127.1.pdf

Afshin Jahangirzadeh et.al (2012). Effects of Construction of Coastal Structure on Ecosystem. Światowa Akademia Nauki, Inżynierii i Technologii. University of Malaya (Kuala Lumpur). Retrieved from http://eprints.um.edu.my/14068/1/v65-136.pdf

Airoldi, L., Abbiati, M., Beck, M. W., Hawkins, S. J., Jonsson, P. R., Martin, D., ... & Åberg, P. (2005). An ecological perspective on the deployment and design of low-crested and other hard coastal defense structures. Coastal engineering, 52(10-11), 1073-1087.

Airoldi, L., & Bulleri, F. (2011). Anthropogenic disturbance can determine the magnitude of opportunistic species responses on marine urban infrastructures. PLoS One, 6(8).

Amri Mohd, F., Nizam Abdul Maulud, K., A. Karim, O., Ara Begum, R., Firoz Khan, M., Shafrina Wan Mohd Jaafar, W., ... Abd Wahab, N. (2018). An Assessment of Coastal Vulnerability of Pahang's Coast Due to Sea Level Rise. International Journal of Engineering & Technology, 7(3,14), 176. https://doi.org/10.14419/ijet.v7i3.14.16880

Anandkumar, A., Vijith, H., Nagarajan, R., & Jonathan, M. P. (2018). Evaluation of decadal shoreline changes in the coastal region of Miri, Sarawak, Malaysia. W Coastal Management: Global Challenges and Innovations. https://doi.org/10.1016/B978-0-12-810473-6.00008-X

Ariffin, E. H., Sedrati, M., Akhir, M. F., Norzilah, M. N. M., Yaacob, R., & Husain, M. L. (2019). Short- term observations of beach morphodynamics during seasonal monsoons: two examples from Kuala Terengganu coast (Malaysia). Journal of Coastal Conservation, 23(6), 985-994. https://doi.org/10.1007/s11852-019-00703-0

Atlantycka Sieć Zarządzania Ryzykami Przybrzeżnymi (n.d.). Przegląd rozwiązań w zakresie miękkiej ochrony wybrzeża. Pobrane z https://corimat.net/wpcontent/uploads/2017/03/2_Outil2_56P_ PL.pdf

Awang, N. A., Jusoh, W. H. W., & Hamid, M. R. A. (2014). Coastal Erosion at Tanjong Piai, Johor, Malaysia (Erozja przybrzeżna w Tanjong Piai, Johor, Malezja). Journal of Coastal Research, 71, 122-130. https://doi.org/10.2112/si71-015.1

Bakrin Sofawi, A., Rozainah, M. Z., Normaniza, O., & Roslan, H. (2017). Mangrove rehabilitation on Carey Island, Malaysia: an evaluation of replanting techniques and sediment properties. Marine Biology Research, 13(4), 390-401. https://doi.org/10.1080/17451000.2016.1267365

Buck, P. (2018). The Design of Coastal Revetments, Seawalls, and Bulkheads (Projektowanie umocnień brzegowych, falochronów i grodzi). Pile Bulk Magazine. https://www.pilebuck.com/marine/the-design-of-coastal-revetments-seawalls-and-bulkheads/

Chapman, M. G., & Underwood, A. J. (2011). Evaluation of ecological engineering of "armoured" shorelines to improve their value as habitat. Journal of experimental marine biology and ecology, 400(1-2), 302-313.

Chen, N.-G., Saleh, E., Yap, T. K., & Isnain, I. (2018). Wpływ sztucznych struktur na profil linii brzegowej wyspy Selingan, Sandakan, Sabah, Malezja. Borneo Journal of Marine Science and Aquaculture, 2(grudzień), 9-15.

Departament Irygacji i Odwodnienia Malezji (2015). Krajowe badanie erozji wybrzeża (NCES) 2015. Kawasan-pantai-hakisan-kategori-1. Retrieved z http://www.data.gov.my/data/ms_MY/dataset/kawasan-pantai-hakisan-kategori-1/resource/ed806db7-d2a2-4173-9989-a015907e8245?inner_span%3DTru

Evans, A. J. (2016). Artificial coastal defense structures as surrogate habitats for natural rocky shores: giving nature a helping hand (rozprawa doktorska, Aberystwyth University).

Firth, L. B., Mieszkowska, N., Thompson, R. C., & Hawkins, S. J.(2013). Zmiany klimatyczne i skutki adaptacyjne w systemach przybrzeżnych: przypadek obrony przeciwpowodziowej. Environmental Science: Processes & Impacts, 15(9), 1665-1670.

Firth, L. B., Thompson, R. C., Bohn, K., Abbiati, M., Airoldi, L., Bouma, T. J., Hawkins, S. J. (2014). Między skałą a twardym miejscem: Environmental and engineering considerations when designing coastaldefensestructures . *CoastalEngineering*, *87*, 122-135. https://doi.org/10.1016/j.coastaleng.2013.10.015

Foti, E., Musumeci, R. E., & Stagnitti, M. (2020). Techniki obrony wybrzeża i zmiany klimatu: przegląd. *Rendiconti Lincei, 31*(1), 123-138. https://doi.org/10.1007/s12210-020-00877-y

Hamakareem, M., I. (2012). Rodzaje budowli ochrony wybrzeża i ich szczegóły. Retrieved from https://theconstructor.org/structures/coastal-protection-structures/14020/.

Hanak, E., & Moreno, G. (2012). California coastal management with a changing climate. Climatic Change, 111(1), 45-73.

Hawkins, S. J., Burcharth, H. F., Zanuttigh, B., & Lamberti, A. (2010). Environmental design guidelines for low crested coastal structures. Elsevier.

Izzat, I., Im, N., Razak, A., Shahrizal, M., & Safari, M. D . (2018). *A Short Review of Submerged Breakwaters.* https://doi.org/10.1051/matecconf/201820301005

Lee, S. C., Hashim, R., Motamedi, S., & Song, K.-I. (2014). *Utilization of Geotextile Tube for Sandy and Muddy Coastal Management: A Review.* https://doi.org/10.1155/2014/494020

Loke, L. H., Heery, E. C., & Todd, P. A. (2019). Shoreline defenses. In *World Seas: An Environmental Evaluation* (pp. 491-504). Academic Press.

Mangor, K., Dronen, N., Kaergaard, K. i Kristensen, S., 2017. *Wytyczne dotyczące zarządzania linią brzegową.* [ebook] Horsholm: DHI. Availableat : <https://www.dhigroup.com/upload/campaigns/ShorelineManagementGuidelines_Feb2017.pdf> [Dostęp 15 czerwca 2020].

Masria, A., Iskander, M., & Negm, A. (2015). Coastal protection measures, case study (Mediterranean zone, Egypt). *Journal of coastal conservation, 19*(3), 281-294.

MatAmin, Abd., Ahmad, M., Mamat, M., Rivaie, M. & Abdullah, Khiruddin. (2012). Sediment Variation along the East Coast of Peninsular Malaysia. Ecological Questions. 16. 10.2478/v10090-012-0010-

6. Retrieved z https://www.researchgate.net/publication/274654555_Sediment_Variation_along_the_East_Co ast_of_Peninsular_Malaysia

(Malezja). Journal of Tropical Biology and Conservation, 14: 83-94. ISSN 1823-3902. Retrieved from https://www.ums.edu.my/ibtpv2/files/06.pdf.

Milad Bagheri. et.al (2019). Shoreline change analysis anderosion prediction using historical data of Kuala Terengganu, Malaysia. Environmental Earth Sciences (2019) 78:477, doi:/10.1007/s12665-019- 8459-x. Retrievedfrom https://www.researchgate.net/publication/334747518_Shoreline_change_analysis_and_erosion _pre diction_using_historical_data_of_Kuala_Terengganu_Malaysia

Ministerstwo Zasobów Naturalnych i Środowiska. (2009). *Działania związane z zarządzaniem obszarami przybrzeżnymi.* Retrieved from http://www.water.gov.my/activities-mainmenu-184v, 4 November 2014.

Paeniu, I., Iese, V., Jacot Des Combes, H., & De Ramon, N. (2015). 'Yeurt A, Korovulavula I, Koroi A, Sharma P, Hobgood N, Chung K, Devi A. *Coastal Protection: Best Practices from the Pacific. Pacific Centre for Environment and Sustainable Development. (PaCE-SD). The University of the South Pacific, Suva, Fiji.*

Pranzini, E. (2018). Ochrona brzegów we Włoszech: Od twardej do miękkiej inżynierii i z powrotem. *Ocean and Coastal Management, 156*, 43-57. https://doi.org/10.1016/j.ocecoaman.2017.04.018

Rahman, M. A. A., & Asmawi, M. Z. (2016). Local residents' awareness towards the issue of mangrove degradation in Kuala Selangor, Malaysia. *Procedia-Social and Behavioral Sciences, 222*, 659-

667.

Revetment. (2017). DepartmentofIrrigationand Drainage. https://www.water.gov.my/index.php/pages/view/536

Sadeghi, K., & Dania, A. L. (2019). Wprowadzenie do lądowych struktur 'budowlanych.

Sadeghi, K., Abdeh, A., & Al-Dubai, S. (2017). Przegląd konstrukcji i instalacji falochronów pionowych. *International Journal of Innovative Technology and Exploring Engineering, 7*(3), 1-5.

Schmitt, K., & Duke, N. C. (2015). Zarządzanie, ocena i monitorowanie lasów namorzynowych. *Podręcznik leśnictwa tropikalnego*, 1-29.

Shin, E. C., Kim, S. H., Hakam, A., & Istijono, B. (2019). Problemy erozji linii brzegowej i pomiar przeciwdziałania za pomocą różnych geomateriałów. *MATEC Web of Conferences, 265*, 01010. https://doi.org/10.1051/matecconf/201926501010

Strain, E. M., Olabarria, C., Mayer-Pinto, M., Cumbo, V., Morris, R. L., Bugnot, A. B., & Bishop, M. J. (2018). Eco-engineering infrastruktury miejskiej dla bioróżnorodności morskiej i przybrzeżnej: które interwencje przynoszą największe korzyści ekologiczne? *Journal of Applied Ecology, 55*(1), 426-441.

Strain, E. M. A., Cumbo, V. R., Morris, R. L., Steinberg, P. D., & Bishop, M. J. (2020). Interacting effects of habitat structure and seeding with oysters on the intertidal biodiversity of seawalls. *PloS one, 15*(7), e0230807.

Syakir, M., Zulfakar, Z., Akhir, M. F., Helmy, E., Awang, N. O. R. A., Azam, M., Muslim, A. M. (2020). The effect of coastal protections on the shoreline evolution at Kuala Nerus, Terengganu (Malaysia). *Journal of Sustainability Science and Management, 15*(3), 1-15.

Williams, A. T., Rangel-Buitrago, N., Pranzini, E., & Anfuso, G. (2018). The management of coastal erosion (Zarządzanie erozją wybrzeża). In *Ocean and Coastal Management* (Vol. 156, pp. 4-20). Elsevier Ltd. https://doi.org/10.1016/j.ocecoaman.2017.03.022

Yanalagaran, R., Ramli, N. I., & Ramadhansyah, P. J. (2019, luty). Overview of Monsoon Induced Coastal Erosion Disaster in Peninsular Malaysia Based on Mass-Media Reports. In IOP Conference Series: Earth and Environmental Science (Vol. 244, No. 1, s. 012035). IOP Publishing.